TEACHING MATERIALS
FOR COLLEGE STUDENTS
高等学校教材

通信原理实验

卢晓轩　蔡丽萍　主编

中国石油大学出版社

图书在版编目(CIP)数据

通信原理实验/卢晓轩,蔡丽萍主编.—东营:
中国石油大学出版社,2011.12
ISBN 978-7-5636-3343-2

Ⅰ.①通… Ⅱ.①卢…②蔡… Ⅲ.①通信原理—实
验 Ⅳ.①TN911-33

中国版本图书馆 CIP 数据核字(2011)第 269933 号

中国石油大学(华东)规划教材

书　　名:通信原理实验
作　　者:卢晓轩　蔡丽萍

责任编辑:高　颖(电话 0532—86981531)
封面设计:友一广告传媒有限公司

出 版 者:中国石油大学出版社(山东 东营　邮编 257061)
网　　址:http://www.uppbook.com.cn
电子信箱:shiyoujiaoyu@126.com
印 刷 者:青岛锦华信包装有限公司
发 行 者:中国石油大学出版社(电话 0532—86981532,0546—8392563)
开　　本:180 mm×235 mm　印张:16　字数:320 千字
版　　次:2011 年 12 月第 1 版第 1 次印刷
定　　价:24.00 元

通信原理是电子信息类专业的重要专业课。通过对此课程的学习，使学生掌握信号传输的基本理论和思维方法，掌握分析通信系统性能的基础知识，掌握经典的模拟通信系统和数字通信系统的组成、工作原理和性能分析方法，为学生分析和设计通信系统奠定必备基础。理论教学与实验教学是现代高等教育的两个重要组成部分。对于通信原理课程，通信原理实验是整个教学过程中一个非常重要的环节。

本书参考通信原理课程的教学大纲，以通信原理实验箱、SystemView和 Matlab 仿真工具为平台，通过演示学习、硬件验证、系统设计的形式，涵盖了通信原理课程的主要知识点。全书分成四个部分，其中：第一部分采用 SystemView 仿真工具设计了大量演示实验，通过在课堂上仿真，直观地说明通信理论知识，使学生更好地理解本课程的相关内容；第二部分是硬件验证实验内容，通过硬件实现来加深学生对理论知识的理解，同时提高学生的实践动手能力；第三部分是仿真实验内容，要求通过 Matlab来实现；第四部分是综合实验内容，采用 Simulink 仿真，使学生更好地理解和深刻地把握这些知识，并在此基础上训练和培养学生分析问题、解决问题的能力及实践动手能力，培养学生通过仿真研究通信理论的基本能力。教学中可以根据实际需要和学生的知识背景安排各部分实验。为了便于实验操作，在书后还附加了 SystemView 和 Simulink 的操作说明。

本书层次清晰、内容完整，硬件实验与仿真实验相结合，Matlab 编程和基于图形交互界面的模块化建模方法相结合，既有理论仿真，又有动手实践，既有原理的验证，又有探索创新能力的培养。

本书可作为高等院校电子信息类专业通信原理、通信系统课程的实验和课程设计等实践性教学用书，也可供高等院校师生及相关技术人员参考。

　　参与本书编写工作的主要人员有卢晓轩、蔡丽萍、洪利、丁淑妍、王海燕、宋翠霞。在本书的编写过程中，中国石油大学（华东）通信原理课程组的老师们也给予了很大的帮助和支持，并提出了许多宝贵建议，在此表示诚挚的感谢。

　　由于编者水平有限，书中错误在所难免，敬请读者批评指正。

编　者

2011 年 5 月

目录

第 1 章 SystemView演示实验

Chapter 1

1.1 SystemView 基本知识

随着现代通信系统的飞速发展,计算机仿真已成为今天分析和设计通信系统的主要工具,在通信系统的研发和教学中具有越来越重要的意义。仿真是衡量系统性能的工具,它通过仿真模型的仿真结果来判断原系统的性能,从而为新系统的建立或原系统的改造提供可靠的参考。

1.1.1 SystemView 简介

SystemView 是一个信号级的系统仿真软件,主要用于电路与通信系统的设计、仿真,是一个强有力的动态系统分析工具,能满足从数字信号处理、滤波器设计直到复杂的通信系统等不同层次的设计、仿真要求。

该软件自 1995 年投放市场至今,功能不断扩展,已经发展到 5.0 版本。第 1 章的实验是基于 4.5 版本开发的,在 5.0 版本下也能正常运行。

SystemView 以模块化和交互式的界面,在大家熟悉的 Windows 窗口环境下,为用户提供了一个嵌入式的分析引擎。使用 SystemView,你只需要关心项目的设计思想和过程,而不必花费大量的时间去编程建立系统仿真模型;用户只需使用鼠标点击图标即可完成复杂系统的建模、设计和测试,而不必学习复杂的计算机程序编制,也不必担心程序中是否存在编程错误。

SystemView 是基于 Windows 环境的应用软件,它对硬件的性能要求适中,在 CPU 为 486/66,16 MB 以上内存的普通 PC 上就能运行。

1.1.2 SystemView 主要特点

SystemView 的设计者希望它成为一种强有力的基于个人计算机的动态的通信系统仿真工具,以实现在不具备先进仪器的条件下同样也能完成复杂的通信系统设计与仿真。

1) 能仿真大量的应用系统

能在 DSP、通讯和控制系统应用中构造复杂的模拟、数字、混合和多速率系统。具有大量可选择的库,允许用户有选择地增加通讯、逻辑、DSP 和射频/模拟功能模

1

块。特别适合无线电话(GSM,CDMA,FDMA,TDMA,DSSS)、无绳电话、寻呼机和调制解调器以及卫星通信系统(GPS,DVBS,LEOS)等的设计;能够仿真(C3x,C4x等)DSP结构;可进行各种系统时域/频域分析和谱分析;可对射频/模拟电路(混合器、放大器、RLC电路和运放电路)进行理论分析和失真分析。

2) 快速方便的动态系统设计与仿真

使用熟悉的 Windows 界面和功能键(单击、双击鼠标的左右键),SystemView 可以快速建立和修改系统,并在对话框内快速访问和调整参数,实时修改、实时显示。只需简单地用鼠标点击图符即可创建连续线性系统、DSP 滤波器,并输入/输出基于真实系统模型的仿真数据。不用写一行代码即可建立用户习惯的子系统库(Meta-System)。SystemView 图标库包括几百种信号源、接收端、操作符和功能块,提供从DSP、通信、信号处理、自动控制直到构造通用数学模型等的应用。信号源和接收端图标允许在 SystemView 内部生成和分析信号,并提供可外部处理的各种文件格式和输入/输出数据接口。

3) 在报告中方便地加入 SystemView 的结论

SystemView 通过 Notes(注解)很容易在屏幕上描述系统;生成的 SystemView系统和输出的波形图可以很方便地使用复制(copy)和粘贴(paste)命令插入微软Word 等文字处理器。

4) 提供基于组织结构图方式的设计

通过利用 SystemView 中的图符和 MetaSystem(子系统)对象的无限制分层结构功能,SystemView 能很容易地建立复杂的系统。首先可以定义一些简单的功能组,再通过对这些简单功能组的连接进而实现一个大系统。这样,单一的图符就可以代表一个复杂系统。MetaSystem 的连接使用也与系统提供的其他图符同样简单,只要单击一下鼠标,就会出现一个特定的窗口显示出复杂的 MetaSystem。但是在学习版中没有 MetaSystem 图符功能,必须升级到专业版才有此功能。

5) 多速率系统和并行系统

SystemView 允许合并多种数据采样率输入的系统,以简化 FIR 滤波器的执行。这种特性尤其适合于同时具有低频和高频部分的通信系统的设计与仿真,有利于提高整个系统的仿真速度,而且在局部不会降低仿真的精度,同时还可降低对计算机硬件配置的要求。

6) 完备的滤波器和线性系统设计

SystemView 包含一个功能强大、很方便设计模拟和数字以及离散和连续时间系统的图形模板环境,还包含大量的 FIR/IIR 滤波类型和 FFT 类型,并提供易于用DSP 实现滤波器或线性系统的参数。

7) 先进的信号分析和数据块处理

SystemView 提供的分析窗口是一个能够提供系统波形详细检查的交互式可视

环境。分析窗口还提供一个能对仿真生成数据进行先进的块处理操作的接收计算器。接收计算器块处理功能十分强大,内容也相当广泛,完全满足通常所需的分析要求。这些功能包括:应用 DSP 窗口、余切、自动关联、平均值、复杂的 FFT、常量窗口、卷积、余弦、交叉关联、习惯显示、十进制、微分、除窗口、眼图模式、功能比例尺、柱状图、积分、对数基底、求模、相位、最大最小值及平均值、乘波形、乘窗口、非、覆盖图、覆盖统计、自相关、功率谱、分布图、正弦余弦、平滑(移动平均)、谱密度、平方、平方根、窗口相减、波形求和、窗口求和、正切、层叠、窗口幂、窗口常数等。SystemView 还提供了一个真实且灵活的窗口用以检查系统波形。内部数据的图形放大、缩小、滚动、谱分析、标尺以及滤波等,全都是通过敲击鼠标器实现的。

8) 可扩展性

SystemView 允许用户插入自己用 C/C++编写的用户代码库,而且插入的用户库自动集成到 SystemView 中,如同系统内建的库一样使用。

9) 完善的自我诊断功能

SystemView 能自动执行系统连接检查,通知用户连接出错并通过显示指出出错的图符。这个特点对用户系统的诊断是十分有效的。

1.1.3 SystemView4.5 安装说明

具体安装步骤如下:

(1) 要求符合要求的微机,最好是在主流配置微机,Windows XP 环境;

(2) 打开光盘中的"SystemView 专业版"文件夹;

(3) 双击"SUV_32"图标;

(4) 点击"Install SystemView"图标;

(5) 提示 100%后,点击"next";

(6) 点击"yes";

(7) 点击"next";

(8) 点击"next";

(9) 点击"next";

(10) 点击"next";

(11) 提示 100%后,选择"No,I will restart my computer lataer",然后点击"Finish";

(12) 关闭"Welcome to systemview by ELANIX"页面;

(13) 打开光盘中"SystemView 专业版"文件夹;

(14) 双击"SUV45CR"图标;

(15) 点击"Professional Evaluation"图标;

(16) 将"OK"按钮上面的"S/N:"后面数字的最后两位输入到另一个黑色窗口中的"Input the S/N number"下面,回车;

（17）将黑色窗口中"The enable number is"后面的序列号记下来，填写到灰色小窗口中"Professional Evaluation Password"的栏目中，单击"OK"；

（18）点击"I Accept"；

（19）点击"确定"；

（20）点击"否"；

（21）点击"确定"；

（22）点击"close"；

（23）点击"否"。

这样就完成了 SystemView 软件的安装，并且已经处于运行状态。

1.1.4 建立通信系统基本步骤

通过一个简单的例子，一步一步地设计自己的第一个系统。通过这个例子，使大家对 SystemView 有一个感性认识，并初步掌握其使用方法和步骤。该例子是一个能产生正弦波信号，并对其进行平方运算的系统。具体操作如下：

（1）进入 SystemView。通过双击桌面上的"SystemView"快捷图标或单击程序组中的"SystemView"，即可启动 SystemView。

（2）设置系统运行时间。单击工具条中的系统定时 [图符]"System Time"按钮，把采样频率"Sample Rate"设置为 100 Hz，采样点数"No. of Samples"设置为 128。

（3）定义一个幅度为 1 V，频率为 10 Hz 的正弦信号源。从图符库中拖出一个信号源图符 [图符]"Source"到设计窗口，双击该图符，在出现的信号源库窗口中选择周期信号"Periodic"中的正弦信号"Sinusoid"，按"Parameter"按钮，将参数设置窗口中的频率"Frequency"定义为 10，图符变成 [图符]。

（4）定义一个平方运算的函数图符。从图符库"Function"中拖动一个函数图符 [图符] 至设计窗口，双击该图符，在出现的函数库窗口中选择代数库"Algebraic"中的"X^a"，并在参数设置窗口中的文字框中输入 2，图符变成 [图符]。

（5）定义两个接收图符。拖动两个接收器图符 [图符] 到设计窗口，双击它们，将它们都定义为"Graphic Display"的"SystemView"信号接收类型 [图符]。

（6）连接图符。将信号源图符（正弦输出）分别连接到函数图符和其中一个接收图符，函数图符连接到另一个接收图符。

（7）运行系统。单击工具条中的运行按钮 [图符] 运行系统，这时就会在第一个接收图形显示区中显示出正弦信号，在第二个接收图形显示区中显示出平方后的信号，如图 1-1 所示。

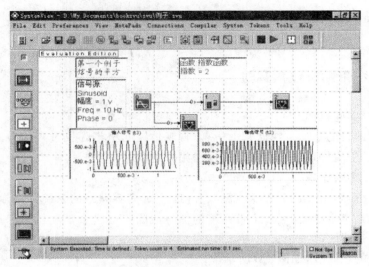

图 1-1　例子——信号的平方

（8）可在分析窗口中显示信号。单击 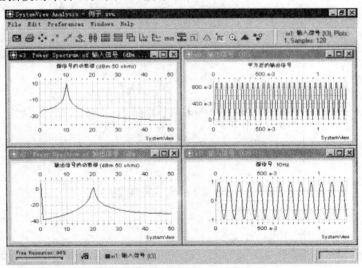 "Analysis"按钮进入分析窗口，这时应该可以看到两个图形，一个是 10 Hz 的正弦信号，另一个是平方后的信号。

（9）对输入的信号进行谱分析。单击 接收计算器按钮，选择"Spectrum"分析按钮，并分两次选中 W0 和 W1，就会出现两个新的图形，分别对应前面两个波形的频谱图，其中一个出现在 10 Hz 的位置上（对应正弦波），另一个出现在 20 Hz 的位置上（对应于正弦波的平方），如图 1-2 所示。

图 1-2　输出信号与频谱

（10）结束仿真，保存用户系统。通过选择"File"菜单中的"Save"把刚才设计的内容保存下来。

1.2 窄带随机过程实验

1.2.1 实验目的

本实验的目的是通过在课堂上仿真，直观地说明窄带随机过程信号的时域和频域特点，使学生更好地理解窄带随机过程相关内容。

1.2.2 实验原理

窄带系统，是指其通带宽度 $\Delta f \ll f_c$，且 f_c 远离零频率的系统。实际上，大多数通信系统都是窄带型的，通过窄带系统的信号或噪声必是窄带随机过程。如果用示波器观察窄带系统的一个实现的波形，可以看出它是一个频率近似为 f_c、包络和相位随机缓变的正弦波，如图 1-3 所示。

窄带随机过程的表示式为：

$$\xi(t) = a_\xi(t)\cos[\omega_c t + \phi_\xi(t)], \quad a_\xi(t) \geqslant 0$$

式中，$a_\xi(t)$ 为随机包络；$\phi_\xi(t)$ 为随机相位；ω_c 为中心角频率。

显然，$a_\xi(t)$ 和 $\phi_\xi(t)$ 的变化相对于载波 $\cos \omega_c t$ 的变化要缓慢得多。

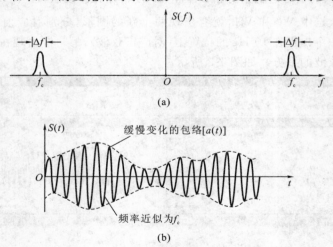

图 1-3 窄带过程的频谱和波形示意图

1.2.3 实验系统构成

实验系统构成如图 1-4 所示。

系统构成思想说明：该系统是一个模拟双边带调幅系统，调制信号为扫频信号，载波为正弦波，用乘法器实现调制，用相乘低通方式实现解调。

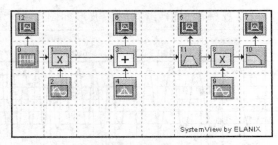

图 1-4　窄带随机过程仿真实验系统图

1.2.4　系统模块及参数设置

按照模块编号说明如下：

模块 0：扫频器，产生频率为 0～50 Hz、幅度为 1 V 扫频信号作为调制信号。参数设置：Amplitude(V) 为 1，Start Freq(Hz) 为 0，Stop Freq(Hz) 为 50，Period(sec) 为 1，Phase(deg) 为 0。

模块 2：正弦波发生器，产生频率为 500 Hz 的正弦波作为载波。参数设置：Amplitude(V) 为 1，Frequency(Hz) 为 500，Phase(deg) 为 0。注意，连接正弦波发生器与相乘器时选择 0。

模块 4：高斯噪声发生器，产生 0.1 V 高斯噪声。参数设置：Constant Parameter 项选 Std Deviation，Std Deviation(V) 为 0.1，Mean(V) 为 0。

模块 11：带通滤波器，该器件的功能是最大限度滤除带外噪声。参数设置：BP Filter Order 为 3，Low Cuttoff(Hz) 为 430，Hi Cuttoff(Hz) 为 570。

模块 9：正弦波发生器。该器件是接收端的正弦波发生器，要求与发送端的同频同相，因此参数设置与发送端相同，连线时也选择 0。

模块 10：低通滤波器。参数设置：No. of Poles 为 3，Low Cuttoff(Hz) 为 70。

系统时钟设置：Sample Rate(Hz) 为 5 000，Stop Time(sec) 为 1。

1.2.5　实验结果分析

1）输入输出对比

通过显示模块 12，可以观察发送的基带信号，其时域波形如图 1-5 所示。

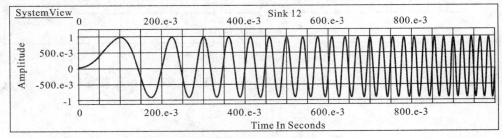

图 1-5　输入基带信号时域波形图

通过显示模块 7，可以观察输出信号，其时域波形如图 1-6 所示。

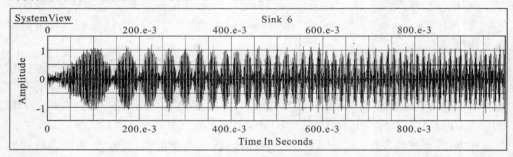

图 1-6　输出信号时域波形图

对比输入、输出信号可见，系统很好地恢复出了输入信号，说明运行正确。

2）观察窄带信号

通过显示模块 6，可以观察已调信号，其时域波形如图 1-7 所示，其对应的功率谱密度图如图 1-8 所示。

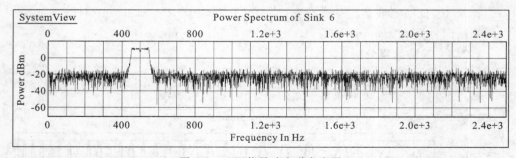

图 1-7　已调信号时域波形图

图 1-8　已调信号功率谱密度图

由频域图形可以看出，已调信号功率分布范围远离零频，并且带宽与其中心频点相比很小，是典型的窄带信号。

3）观察窄带信号加窄带高斯噪声信号

由图 1-8 可见，已调信号在信道中受到宽带噪声的污染，观察模块 5 是观察经过带通滤波器过滤后信号加噪声的波形,其时域波形与功率谱密度图如图1-9、图1-10所示。

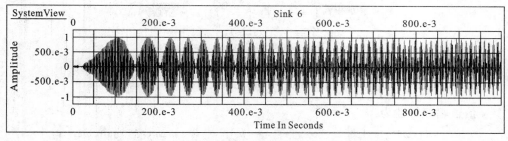

图1-9 带通滤波器过滤后信号时域波形图

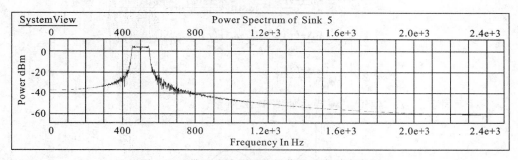

图1-10 带通滤波器过滤后信号功率谱密度图

由图1-10可以看出,滤波器滤除了带外噪声,只剩下带内的窄带噪声,此时信号为窄带信号加窄带高斯噪声。

1.3 多径传播实验

1.3.1 实验目的

本实验的目的是通过在课堂上仿真,直观地说明多径传播的概念、特点及其对信号传输的影响。

1.3.2 实验原理

假设多径传播的路径只有两条,信道模型如图1-11所示。

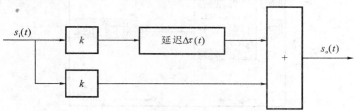

图1-11 两径传播实验模型图

图 1-11 中，k 为两条路径的衰减系数，$\Delta\tau(t)$ 为两条路径信号传输相对时延差。

当信道输入信号为 $s_i(t)$ 时，输出信号为：

$$s_o(t) = ks_i(t) + ks_i(t)\left[t - \Delta\tau(t)\right]$$

$$s_o(\omega) = ks_i(\omega) + ks_i(\omega)e^{-j\omega\Delta\tau(t)}$$

$$= ks_i(\omega)\left[1 + e^{-j\omega\Delta\tau(t)}\right]$$

$$H(\omega) = \frac{s_o(\omega)}{s_i(\omega)} = k\left[1 + e^{-j\omega\Delta\tau(t)}\right]$$

信道幅频特性为：

$$\left| H(\omega) \right| = \left| k\left[1 + e^{-j\omega\Delta\tau(t)}\right] \right| = k \left| 1 + \cos\omega\Delta\tau(t) - j\sin\omega\Delta\tau(t) \right|$$

$$= k \left| 2\cos^2\frac{\omega\Delta\tau(t)}{2} - j2\sin\frac{\omega\Delta\tau(t)}{2}\cos\frac{\omega\Delta\tau(t)}{2} \right|$$

$$= 2k \left| \cos\frac{\omega\Delta\tau(t)}{2} \right| \left| \cos\frac{\omega\Delta\tau(t)}{2} - j\sin\frac{\omega\Delta\tau(t)}{2} \right|$$

$$= 2k \left| \cos\frac{\omega\Delta\tau(t)}{2} \right|$$

对于固定的 $\Delta\tau_i$，信道幅频特性如图 1-12 所示。

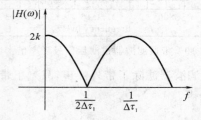

图 1-12　两径传播信道幅频特性图

上式表明，对于信号不同的频率成分，信道将有不同的衰减。显然，信号通过这种传输特性的信道时，信号的频谱将产生失真。当失真随时间随机变化时，就形成频率选择性衰落。

1.3.3　实验系统构成

实验系统构成如图 1-13 所示。

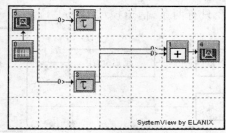

图 1-13　多径传播仿真实验系统图

系统构成思想说明:发射扫频信号经两条延迟时间不同的路径传播后到达接收端并进行叠加。因为频率选择性衰落是由信道频率特性引起的,所以为简化分析,假设两条路径的衰减系数为 1。

1.3.4 系统模块及参数设置

按照模块编号说明如下:

模块 0:扫频器,产生频率为 0~1 000 Hz、幅度为 1 V 扫频信号作为输入信号。参数设置:Amplitude(V)为 1,Start Freq(Hz)为 0,Stop Freq(Hz)为 1 000,Period (sec)为 1,Phase(deg)为 0。

模块 2:延迟器。参数设置:Delay Type 选择 Non-Interpolating,Delay(sec)为 0.02。

模块 3:延迟器。参数设置:Delay Type 选择 Non-Interpolating,Delay(sec)为 0.03。

系统时钟设置:Sample Rate(Hz)为 5 000,Stop Time(sec)为 1。

1.3.5 实验结果分析

1)发射信号分析

通过显示模块 5,可以观察到发射信号,其时域波形如图 1-14 所示,其功率谱密度图如图 1-15 所示。

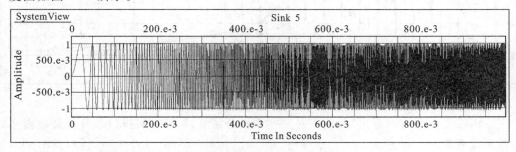

图 1-14 发射信号时域波形图

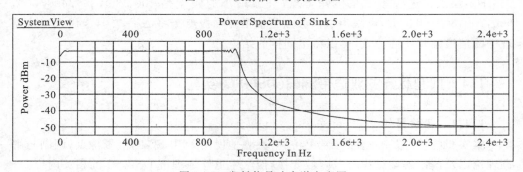

图 1-15 发射信号功率谱密度图

由以上两图可以看出,该信号从 0 到 1 s 内,频率从 0 Hz 均匀增加到 1 000 Hz。

2）接收信号分析

通过显示模块 4，可以观察接收信号，其时域波形如图 1-16 所示，其对应的功率谱密度图如图 1-17 所示。

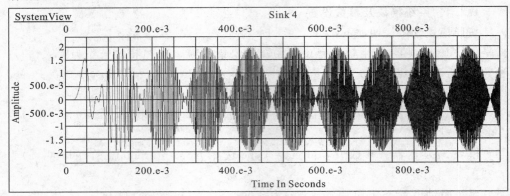

图 1-16　接收信号时域波形图

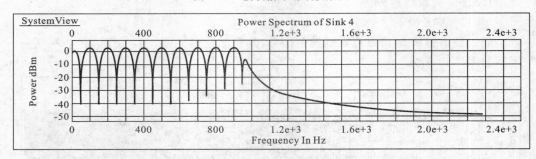

图 1-17　接收信号功率谱密度图

由以上两图可以看出，接收信号某些频率分量衰减为 0，某些频率分量衰减很小甚至没有衰减。这些衰减为 0 的频点是 50,150,250,350,450,550,650,750,850,950 Hz，反映出这些频点是传输零点；衰减最小的频点是 100,200,300,400,500,600,700,800,900 Hz，反映出这些频点是信道传输极点。将 $\Delta\tau = 0.01$ s 代入实验原理中的信道幅频特性公式，可以得出同样的结论。

1.4　抑制载波的双边带调幅（DSB-SC）实验

1.4.1　实验目的

本实验的目的是通过在课堂上仿真，直观地说明 DSB-SC 的信号特点、调制与解调理论以及调制解调过程时域频域变换，使学生更好地理解 DSB-SC 的相关内容。

1.4.2　实验原理

抑制载波的双边带调制（DSB-SC）系统原理图如图 1-18 所示。

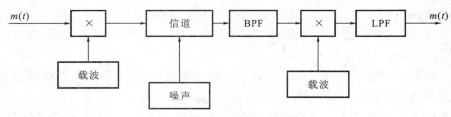

图 1-18　DSB-SC调制系统框图

信道左边部分为调制部分,要求 $m(t)$ 没有直流分量。信道右边部分为解调部分,带通滤波器的作用是最大限度地滤除带外噪声,并保证有用信号顺利通过。解调器采用的是相干解调方式,要求本地载波与发端载波同频同相。

1.4.3　实验系统构成

系统构成如图 1-19 所示。

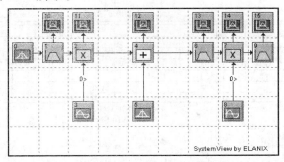

图 1-19　DSB-SC仿真实验系统图

系统构成思想说明:该系统的设计采用实验原理中图 1-16 所示的指导思想,用乘法器作为调制器,用相乘低通的方式作为解调器。

1.4.4　系统模块及参数设置

按照模块编号说明如下:

模块 0:高斯噪声产生器,产生 1 V 高斯噪声。参数设置:Constant Parameter 项选 Std Deviation,Std Deviation(V)为 1,Mean(V)为 0;Mean 项设置决定了噪声的平均值,必须设置为 0,否则调制信号中的直流分量会导致已调信号中含有单频载波分量,就不能达到抑制载波的目的了。

模块 1:带通滤波器。参数设置:BP Filter Order 为 3,Low Cuttoff(Hz)为 200,Hi Cuttoff(Hz)为 500。作用是从噪声发生器中取出 200～500 Hz 的随机信号,作为调制信号。

模块 3:正弦波发生器,产生频率为 2 000 Hz 的正弦波作为载波。参数设置:Amplitude(V)为 1,Frequency(Hz)为 2 000,Phase(deg)为 0。

模块 5:高斯噪声发生器,产生 0.1 V 高斯噪声。参数设置:Constant Parameter

项选 Std Deviation，Std Deviation(V)为 0.1，Mean(V)为 0。

模块 6：带通滤波器。参数设置：BP Filter Order 为 8，Low Cuttoff(Hz)为 1 400，Hi Cuttoff(Hz)为 2 600。

模块 8：正弦波发生器。这是接收端正弦波发生器，用于产生本地载波，其设置与发送端的正弦波发生器相同。

模块 9：带通滤波器。参数设置：BP Filter Order 为 3，Low Cuttoff(Hz)为 180，Hi Cuttoff(Hz)为 520。

系统时钟设置：Sample Rate(Hz)为 15 000，Stop Time(sec)为 0.2。

1.4.5 实验结果分析

1）输入输出对比

通过显示模块 10，可以观察发送的调制信号，其时域波形如图 1-20 所示。

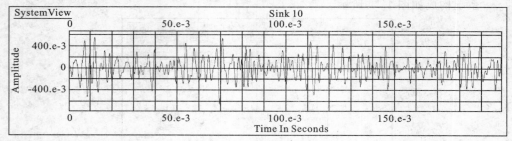

图 1-20　调制信号时域波形图

通过显示模块 15，可以观察输出信号，其时域波形如图 1-21 所示。

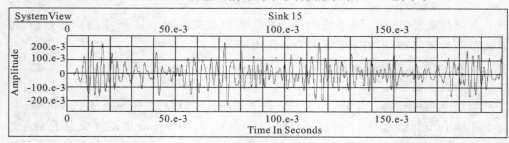

图 1-21　输出信号时域波形图

对比输入、输出信号可见，系统很好地恢复出了输入信号，说明运行正确。

2）DSB-SC 信号分析

通过显示模块 11，可以观察已调信号，其时域波形如图 1-22 所示，其对应的功率谱图如图 1-23 所示。

调制信号的功率谱密度图如图 1-24 所示。

对比调制信号的功率谱密度图，从已调信号频域图形可以清晰地看出已调信号的频谱图形与调制信号的图形一样，只是做了简单搬移和线性变化，所以属于线性调

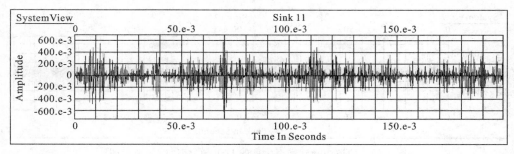

图 1-22 DSB-SC 信号时域波形图

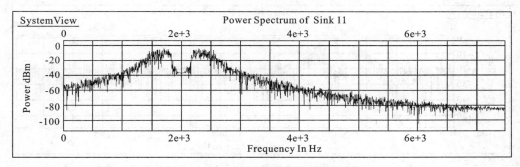

图 1-23 DSB-SC 信号功率谱密度图

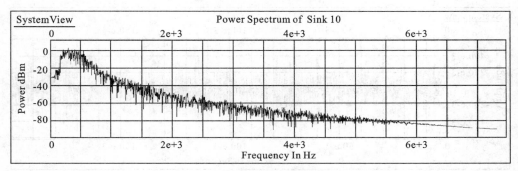

图 1-24 调制信号功率谱密度图

制。另外可以看出,已调信号双边带分布,并且在载波频点没有单频载波。

3)观察接收端解调器前置带通滤波器的抗噪声能力

通过观察模块 12,可以看出在信道中受到噪声污染的 DSB-SC 信号,其时域波形与功率谱密度图如图 1-25、图 1-26 所示。

通过观察模块 13,可以看出通过带通滤波器后的 DSB-SC 信号,其时域波形与功率谱密度图如图 1-27、图 1-28 所示。

对比两组图形可以看出,前置滤波器对噪声滤除效果明显。

4)解调器解调过程分析

DSB-SC 采用的是相干解调方式,解调器由相乘器和滤波器构成,观察模块 14

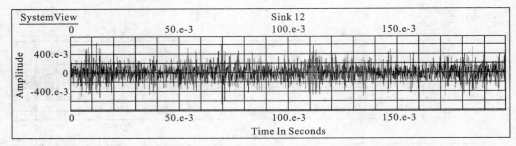

图 1-25　信道中受到噪声污染的 DSB-SC 信号时域波形图

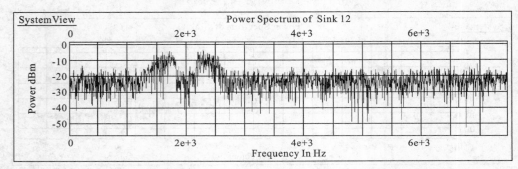

图 1-26　信道中受到噪声污染的 DSB-SC 信号功率谱密度图

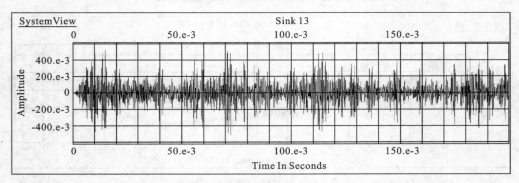

图 1-27　带通滤波器过滤后的 DSB-SC 信号时域波形图

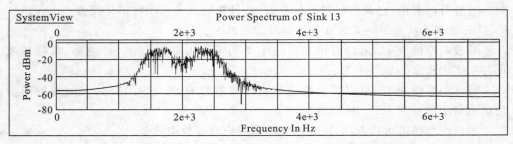

图 1-28　带通滤波器过滤后的 DSB-SC 信号功率谱密度图

显示的是相乘之后的波形,其时域波形与功率谱密度图如图 1-29、图 1-30 所示。

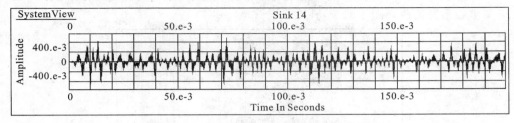

图 1-29 解调过程中相乘后的信号时域波形图

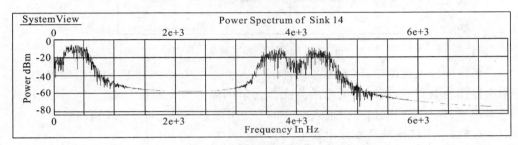

图 1-30 解调过程中相乘后的信号功率谱密度图

由上图可见,边带又一次被搬移,且搬移到载波倍频点和零频附近,只要一个合适的滤波器就能将这两部分信号分开,完成解调。

1.5 标准调幅(AM)实验

1.5.1 实验目的

本实验的目的是通过在课堂上仿真,直观地说明 AM 的信号特点、调制与解调理论以及调制解调过程时域频域变换,使学生更好地理解 AM 的相关内容。

1.5.2 实验原理

标准调幅(AM)系统原理图如图 1-31 所示。

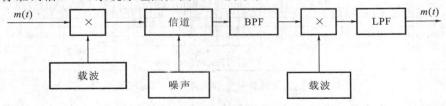

图 1-31 AM 调制系统框图

信道左边部分为调制部分,要求 $m(t)$ 有大于交流部分最高振幅的直流分量。信道右边部分为解调部分,带通滤波器的作用是最大限度地滤除带外噪声,并保证有用信号顺利通过。解调器采用的是相干解调方式,要求本地载波与发端载波同频同相。

1.5.3 实验系统构成

实验系统构成如图 1-32 所示。

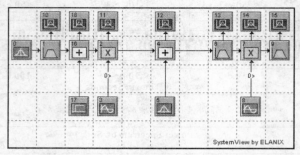

图 1-32　AM 仿真实验系统图

系统构成思想说明：该系统的设计采用实验原理中图 1-31 所示的指导思想，用乘法器作为调制器，用相乘低通的方式作为解调器。整个系统与 DSB-SC 系统构成基本相同，只是在调制信号中加入 2 V 的直流分量，以构成 50%AM 调制系统。

1.5.4 系统模块及参数设置

只介绍模块 17，其他的与 DSB-SC 系统设置相同。

模块 17：阶跃函数产生器，产生电平为 2 V 的阶跃函数。参数设置为：Amplitude(V) 为 2，Start Time(sec) 为 0，Offset(V) 为 0。

系统时钟设置：Sample Rate(Hz) 为 15 000，Stop Time(sec) 为 0.2。

1.5.5 实验结果分析

1) 输入输出对比

通过显示模块 10，可以观察加入直流分量之前的调制信号，其时域波形如图 1-33所示。

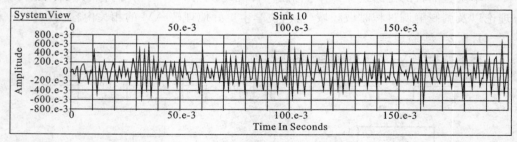

图 1-33　加入直流分量之前的调制信号时域波形图

通过显示模块 18，可以观察加入直流分量之后的调制信号，其时域波形如图 1-34所示。

由上图可见，由于加入了 2 V 的直流分量，信号的均值点调整到了 2 V，整个信号都被抬高到了 0 V 之上，这样就不会产生过调制现象。

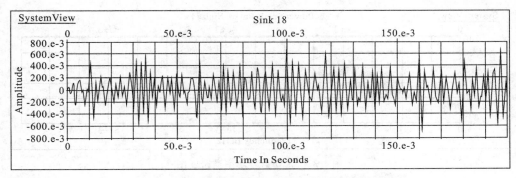

图 1-34　加入直流分量之后的调制信号时域波形图

通过显示模块 15，可以观察输出信号，其时域波形如图 1-35 所示。

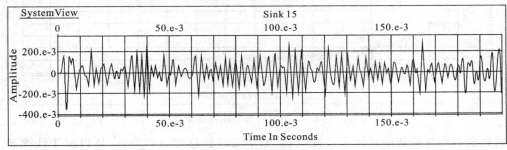

图 1-35　输出信号时域波形图

对比输入、输出信号可见，系统很好地恢复出了输入信号，说明运行正确。

2）分析 AM 信号

通过显示模块 11，可以观察已调信号，其时域波形如图 1-36 所示，其对应的功率谱密度图如图 1-37 所示。

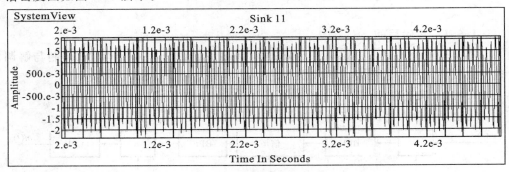

图 1-36　AM 信号时域波形图（局部放大后）

加入直流分量后调制信号的功率谱密度图如图 1-38 所示。

对比调制信号的功率谱密度图，从已调信号频域图形可以清晰地看出，已调信号

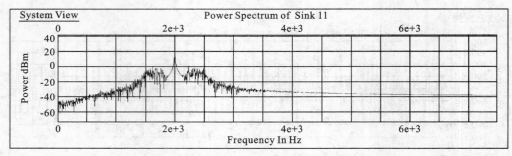

图 1-37　AM 信号功率谱密度图

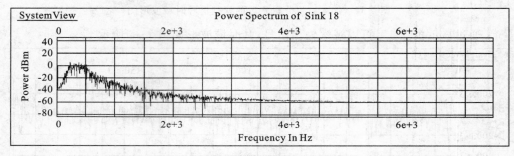

图 1-38　调制信号功率谱密度图

的频谱图形与调制信号图形一样,只是做了简单搬移和线性变化,所以属于线性调制。另外可以看出,已调信号双边带分布,并且在载波频点有很大的单频载波。

3）解调过程中频域变换

解调过程中的频域变换同 DSB-SC。

1.6　上边带调制(USB)实验

1.6.1　实验目的

本实验的目的是通过在课堂上仿真,直观地说明 USB 的信号特点、调制与解调理论以及调制解调过程时域频域变换,使学生更好地理解 USB 的相关内容。

1.6.2　实验原理

上边带调制(USB)系统原理如图 1-39 所示。

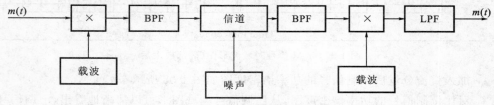

图 1-39　USB 调制系统框图

在 DSB-SC 调制器的基础上,增加一个带通滤波器,滤除下边带,就是上边带调制信号。解调器采用的是相干解调方式,要求本地载波与发端载波同频同相。

1.6.3 实验系统构成

实验系统构成如图 1-40 所示。

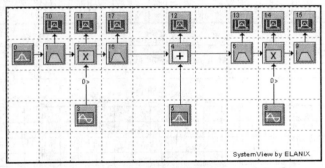

图 1-40 USB 仿真实验系统图

与 DSB-SC 系统相比,该系统增加了带通滤波器 16,以滤除下边带。

1.6.4 系统模块及参数设置

按照模块编号说明如下:

模块 0:高斯噪声产生器。参数设置与 DSB 系统中的模块 0 相同。

模块 1:带通滤波器。参数设置:BP Filter Order 为 3,Low Cuttoff(Hz)为 500,Hi Cuttoff(Hz)为 1 000。通频带为 500~1 000 Hz,因此产生的调制信号分布在 500~1 000 Hz 范围内,离 0 频点比较远。这样,DSB 调制后,上边带和下边带分布距离比较远,有利于滤波分离边带。

模块 3:正弦波发生器,产生频率为 500 Hz 的正弦波作为载波。参数设置:Amplitude(V)为 1,Frequency(Hz)为 500,Phase(deg)为 0。

模块 16:带通滤波器,用于滤除下边带。参数设置:BP Filter Order 为 10,Low Cuttoff(Hz)为 5 000,Hi Cuttoff(Hz)为 6 600。BPF 的通频带位于 5 000~6 600 Hz,允许上边带通过。这里 BP Filter Order 项设置为 10,使滤波器截止特性更为陡峭。

解调器的设计思想和工作原理同 DSB-SC 解调器。

系统时钟设置:Sample Rate(Hz)为 50 000,Stop Time(sec)为 0.05。

1.6.5 实验结果分析

1)输入输出对比

通过显示模块 10,可以观察发送的调制信号,其时域波形如图 1-41 所示。

通过显示模块 15,可以观察输出信号,其时域波形如图 1-42 所示。

对比输入、输出信号可见,系统很好地恢复出了输入信号,说明运行正确。

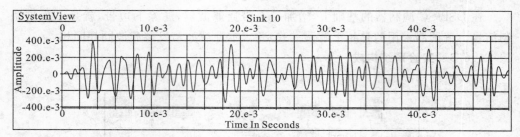

图 1-41 调制时域波形图

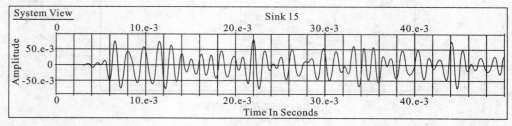

图 1-42 输出信号时域波形图

2）分析 USB 信号

通过显示模块 11,可以观察 DSB 信号,其时域波形如图 1-43 所示,其对应的功率谱密度图如图 1-44 所示。

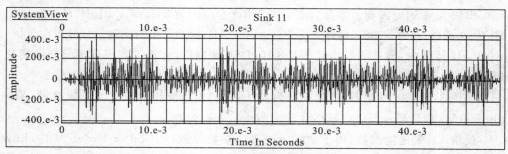

图 1-43 DSB-SC 信号时域波形图

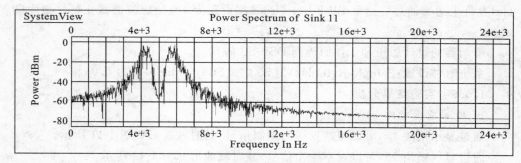

图 1-44 DSB-SC 信号功率谱密度图

调制信号的功率谱密度图如图 1-45 所示。

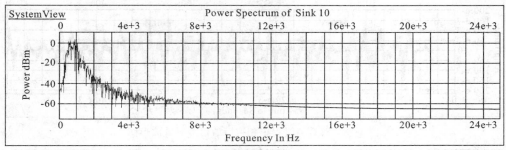

图 1-45　调制信号功率谱密度图

对比图 1-42 和图 1-43 可以看出,调制信号对载波进行了双边带调制。

通过观察模块 17,可以看到 DSB-SC 信号经过 BPF 后生成的 SSB 信号,其时域波形如图 1-46 所示。

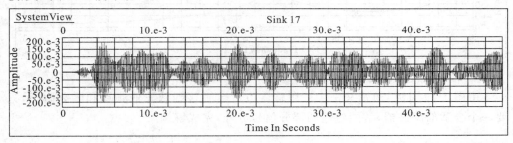

图 1-46　USB 信号时域波形图

对应的功率谱密度图如图 1-47 所示。

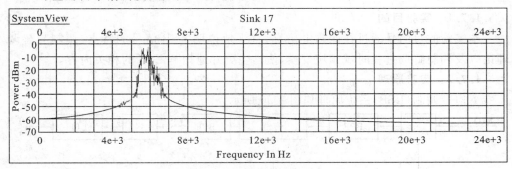

图 1-47　USB 信号功率谱密度图

由图 1-47 可以看出,下边带被滤除。

3)解调器解调过程分析

解调器由相乘器和滤波器构成,观察模块 14 显示的是相乘之后的波形,其时域波形与功率谱密度图分别如图 1-48、图 1-49 所示。

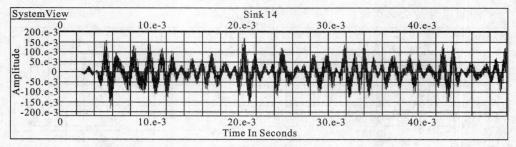

图 1-48   解调器过程中相乘后的信号时域波形图

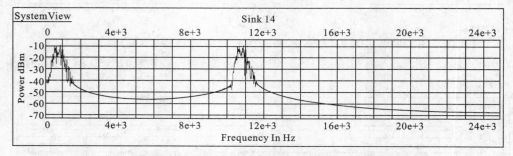

图 1-49   解调过程中相乘后的信号功率谱密度图

由图 1-49 可见,边带又一次被搬移。边带被搬移到载波倍频点和零频附近,只要一个合适的滤波器,就能将这两部分信号分开,完成解调。

1.7   下边带调制(LSB)实验

1.7.1   实验目的

本实验的目的是通过在课堂上仿真,直观地说明 LSB 信号的特点、调制与解调理论以及调制解调过程时域频域变换,使学生更好地理解 LSB 的相关内容。

1.7.2   实验原理

下边带调制(LSB)系统原理如图 1-50 所示。

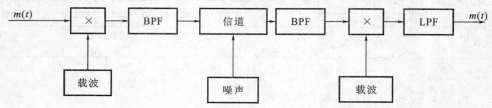

图 1-50   LSB 调制系统框图

在 DSB-SC 调制器的基础上,增加一个带通滤波器,滤除上边带,就是下边带调制信号。解调器采用的是相干解调方式,要求本地载波与发端载波同频同相。

1.7.3 实验系统构成

实验系统构成如图1-51所示。

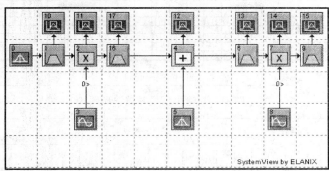

图1-51 LSB仿真实验系统图

LSB系统的构成与USB系统相同,只是为了滤除上边带信号,BPF16和6的通频带设置与USB系统不同,以滤除上边带。

1.7.4 系统模块及参数设置

带通滤波器16和6的通频带都设置为3 400~5 000 Hz。其他模块设置与USB系统相同。

模块0:高斯噪声产生器。参数设置与DSB系统中模块0相同。

1.7.5 实验结果分析

1)输入输出对比

通过显示模块10,可以观察发送的调制信号,其时域信号波形如图1-52所示。

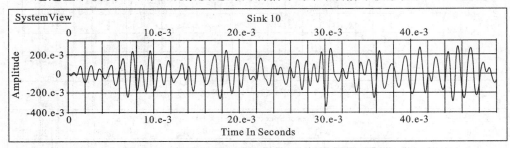

图1-52 调制信号时域波形图

通过显示模块15,可以观察输出信号,其时域波形如图1-53所示。

对比输入、输出信号可见,系统很好地恢复出了输入信号,说明运行正确。

2)分析LSB信号

通过显示模块11,可以观察DSB信号,其时域波形如图1-54所示,其对应的功率谱密度图如图1-55所示。

调制信号的功率谱密度图如图1-56所示。

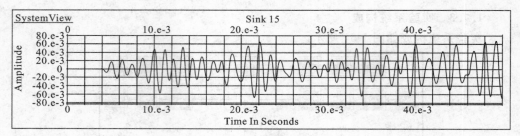

图 1-53　输出信号时域波形图

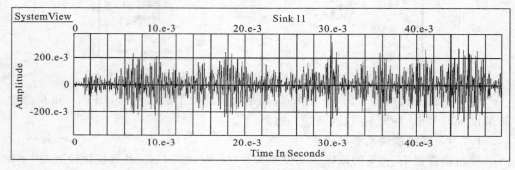

图 1-54　DSB-SC 信号时域波形图

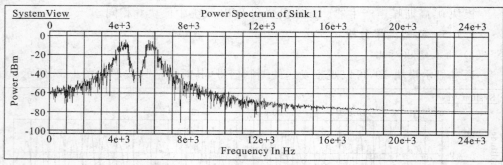

图 1-55　DSB-SC 信号功率谱密度图

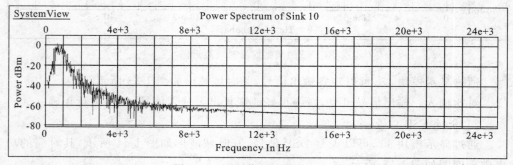

图 1-56　调制信号功率谱密度图

对比图 1-55 和图 1-56 可以看出,调制信号对载波进行了双边带调制。

通过观察模块 17,可以看到 DSB-SC 信号经过 BPF 后生成的 SSB 信号,其时域波形如图 1-57 所示,对应的功率谱密度图如图 1-58 所示。

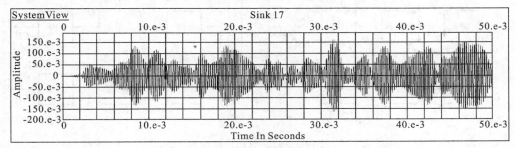

图 1-57 LSB 信号时域波形图

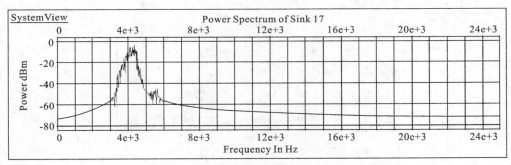

图 1-58 LSB 信号功率谱密度图

由图 1-58 可以看出,上边带被滤除。

3）解调器解调过程分析

解调器解调过程同 USB 解调过程。

1.8 频分多路复用(FDM)实验

1.8.1 实验目的

本实验的目的是通过在课堂上仿真,直观地说明频分多路复用的原理、特性以及复用与解复用的实现。

1.8.2 实验原理

频分复用系统以频率分割信道,实现信道的复用,其实现原理如图 1-59 所示。

图 1-59 中,n 个不同频率的载波将 n 路调制信号搬移到不同的频段,并且保证复用后信号之间不互相干扰;调制器后的 BPF 起限制频带的作用,降低邻路干扰。解调器前的 BPF 只允许本路的信号通过,以实现解复用。

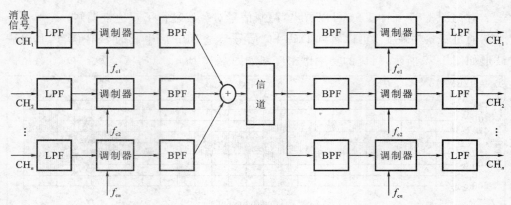

图 1-59　频分复用系统框图

1.8.3　实验系统构成

实验系统构成如图 1-60 所示。

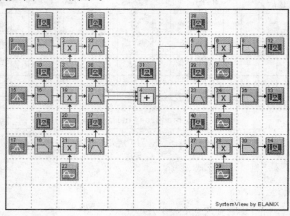

图 1-60　频分复用仿真实验系统图

系统构成说明:该系统的设计采用图 1-60 所示的指导思想,用三路调制信号分别通过模块 2,19,21 三个相乘器对三路不同频率的载波进行调制,将频谱搬移到不同频段,实现频分复用;在接收端,滤波器 5,23,27 只允许本路信号通过,实现了解复用。解复用后每路信号还要进行解调,以恢复出调制信号。

1.8.4　系统模块及参数设置

按照模块编号说明如下:

模块 1,16,18:低通滤波器。参数设置:No. of Poles 为 3,Low Cuttoff(Hz)为 300。通过对其前面高斯噪声产生器产生的随机信号滤波,产生 0~300 Hz 的调制信号。

模块 3:正弦波产生器。参数设置:Amplitude(V)为 1,Frequency(Hz)为 2 000,Phase(deg)为 0。它的作用是产生 2 000 Hz 的正弦波,通过 DSB 调制,将第一路调制信号搬移到 2 000 Hz 附近频段。

模块 20：正弦波产生器。参数设置：Amplitude（V）为 1，Frequency（Hz）为 3 500，Phase(deg)为 0。它的作用是产生 3 500 Hz 的正弦波，通过 DSB 调制，将第二路调制信号搬移到 3 500 Hz 附近频段。

模块 21：正弦波产生器。参数设置：Amplitude（V）为 1，Frequency（Hz）为 5 000，Phase(deg)为 0。它的作用是产生 5 000 Hz 的正弦波，通过 DSB 调制，将第三路调制信号搬移到 5 000 Hz 附近频段。

模块 32：带通滤波器。参数设置：BP Filter Order 为 10，Low Cuttoff（Hz）为 1 500，Hi Cuttoff（Hz）为 2 500。它的作用是限制第一路信号的频带在 1 500～2 500 Hz，尽量减少对邻路的干扰。

模块 33：带通滤波器。参数设置：BP Filter Order 为 9，Low Cuttoff（Hz）为 3 000，Hi Cuttoff（Hz）为 4 000。它的作用是限制第二路信号的频带在 3 000～4 000 Hz，尽量减少对邻路的干扰。

模块 34：带通滤波器。参数设置：BP Filter Order 为 9，Low Cuttoff（Hz）为 4 500，Hi Cuttoff（Hz）为 5 500。它的作用是限制第三路信号的频带在 4 500～5 500 Hz，尽量减少对邻路的干扰。

模块 5：带通滤波器。参数设置同 33。它的作用是取出第一路已调信号。

模块 23：带通滤波器。参数设置同 34。它的作用是取出第二路已调信号。

模块 27：带通滤波器。参数设置同 35。它的作用是取出第三路已调信号。

模块 7,25,29：分别产生与模块 3,20,21 同频同相的正弦波，参数设置分别与模块 3,20,21 相同。

模块 8,26,30：低通滤波器。参数设置：No. of Poles 为 3，Low Cuttoff（Hz）为 350。它的作用是实现所在路的解调，恢复出调制信号。

系统时钟设置：Sample Rate（Hz）为 15 000，Stop Time(sec)为 0.05。

1.8.5 实验结果分析

1）输入输出对比

通过显示模块 9，可以观察发送的第一路调制信号，其时域波形如图 1-61 所示。

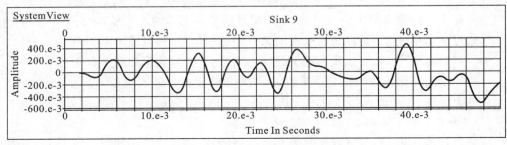

图 1-61　第一路输入信号时域波形图

通过显示模块 12,可以观察第一路输出信号,其时域波形如图 1-62 所示。

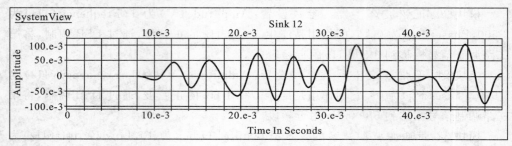

图 1-62　第一路输出信号时域波形图

对比第一路输入输出信号可见,该系统很好地恢复出了输入信号。

通过显示模块 10,可以观察发送的第二路调制信号,其时域波形如图 1-63 所示。

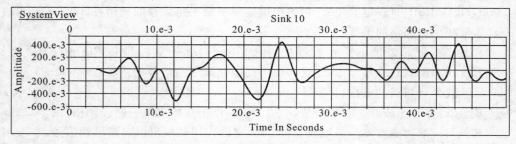

图 1-63　第二路输入信号时域波形图

通过显示模块 13,可以观察第二路输出信号,其时域波形如图 1-64 所示。

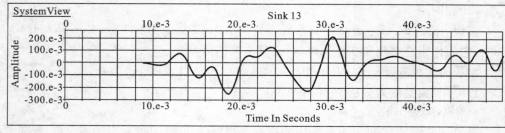

图 1-64　第二路输出信号时域波形图

对比第二路输入输出信号可见,系统很好地恢复出了输入信号。

通过显示模块 11,可以观察发送的第三路调制信号,其时域波形如图 1-65 所示。

通过显示模块 14,可以观察第三路输出信号,其时域波形如图 1-66 所示。

对比第三路输入输出信号可见,系统很好地恢复出了输入信号。

综上所述,三路输入信号互不干扰地通过了信道,系统运行正常。

2) 分析复用前各路信号的时域、频域特性

通过显示模块 35,可以观察到第一路已调信号,其时域波形如图 1-67 所示,其对

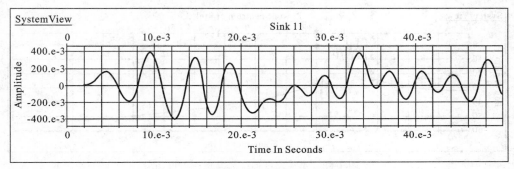

图 1-65　第三路输入信号时域波形图

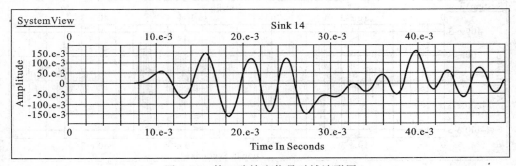

图 1-66　第三路输出信号时域波形图

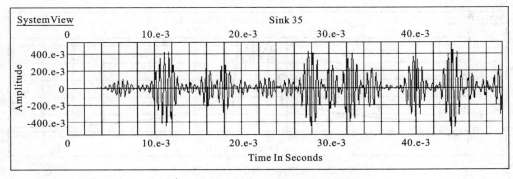

图 1-67　第一路已调信号时域波形图

应的功率谱密度图如图 1-68 所示。

　　由图 1-68 可见,第一路 DSB 调制后,信号功率主要分布在 1 700～2 300 Hz 范围。

　　通过显示模块 36,可以观察到第二路已调信号,其时域波形如图 1-69 所示,对应的功率谱密度图如图 1-70 所示。

　　由图 1-70 可见,第二路 DSB 调制后,信号功率主要分布在 3 200～3 800 Hz 范围。

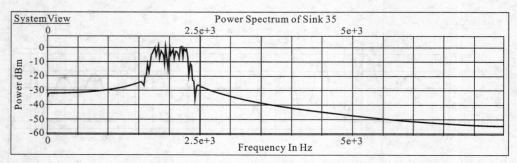

图 1-68　第一路已调信号功率谱密度图

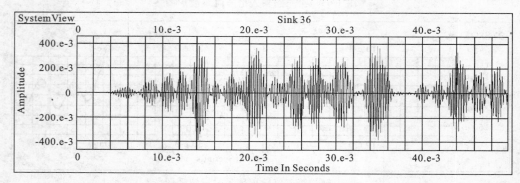

图 1-69　第二路已调信号时域波形图

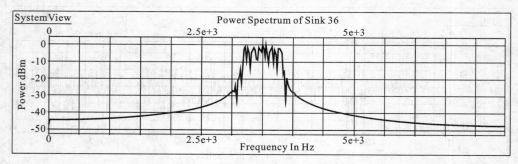

图 1-70　第二路已调信号功率谱密度图

  通过显示模块 37,可以观察到第三路已调信号,其时域波形如图 1-71 所示,其对应的功率谱密度图如图 1-72 所示。

  由图 1-72 可见,第三路 DSB 调制后,信号功率主要分布在 4 700~5 300 Hz 范围。

  总之,三路调制信号分别对不同频率载波进行调制,频谱搬移到了不同的频段,具备了复用的基础。

  3）分析复用信号的时域、频域特性

  通过显示模块 31,可以观察到复用信号,其时域波形如图 1-73 所示,其对应的功率谱密度图如图 1-74 所示。

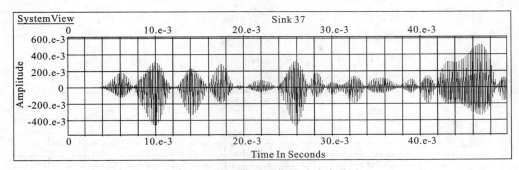

图 1-71　第三路已调信号时域波形图

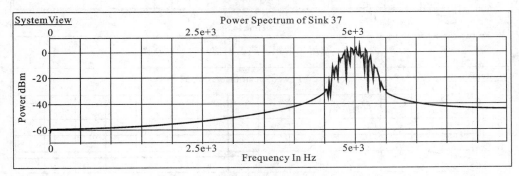

图 1-72　第三路已调信号功率谱密度图

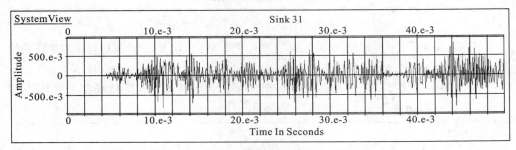

图 1-73　复用信号时域波形图

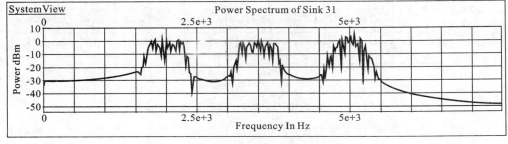

图 1-74　复用信号功率谱密度图

由图 1-74 可见,复用后信号分布在三个不同频段,没有互相干扰。

4) 分析解复用后各路信号的时域、频域特性

通过显示模块 38,可以观察到被解出的第一路已调信号,其时域图如图 1-75 所示,其对应的功率谱密度图如图 1-76 所示。

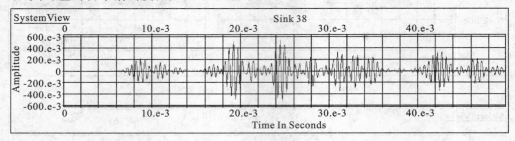

图 1-75　被解出的第一路已调信号时域波形图

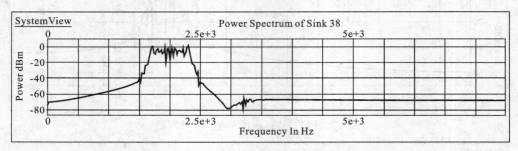

图 1-76　被解出的第一路已调信号功率谱密度图

由图 1-76 可见,带通滤波器 5 成功进行了解复用,恢复出了观察窗 35 观察到的第一路已调信号。

通过显示模块 39,可以观察到被解出的第二路已调信号,其时域波形如图 1-77 所示,其对应的功率谱密度图如图 1-78 所示。

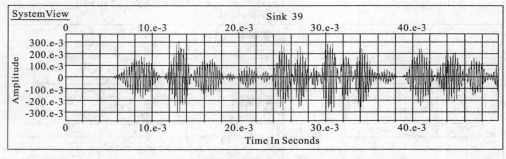

图 1-77　被解出的第二路已调信号时域波形图

由图 1-77 可见,带通滤波器 23 成功进行了解复用,恢复出了观察窗 36 观察到的第二路已调信号。

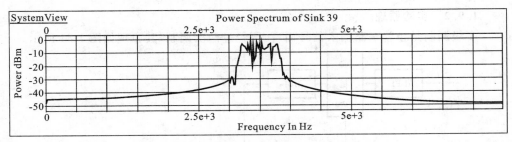

图 1-78 被解出的第二路已调信号功率谱密度图

通过显示模块 40,可以观察到被解出的第三路已调信号,其时域波形如图 1-79 所示,其对应的功率谱密度图如图 1-80 所示。

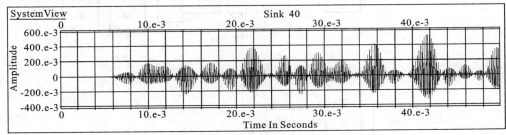

图 1-79 被解出的第三路已调信号时域波形图

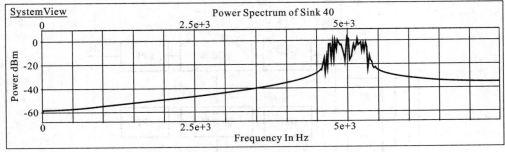

图 1-80 被解出的第三路已调信号功率谱密度图

由图 1-79 可见,带通滤波器 27 成功进行了解复用,恢复出了观察窗 37 观察到的第三路已调信号。

由上述分析可见,各路已调信号分别解调,恢复出了各路输入信号。

1.9 多级调制实验

1.9.1 实验目的

本实验的目的是通过在课堂上仿真,直观地说明多级调制的概念及调制解调过程。

1.9.2　实验原理

多级调制是指就一路输入信号而言,要经过两次调制,其原理如图 1-81 所示。

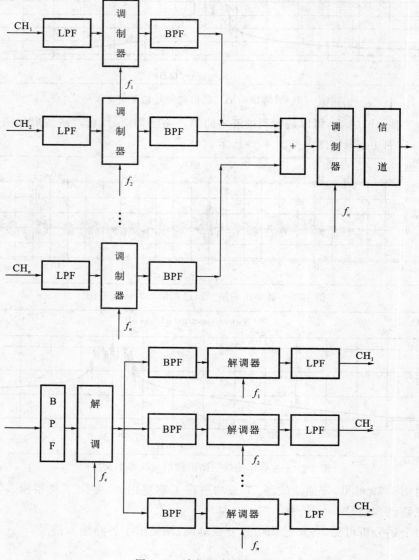

图 1-81　多级调制原理框图

图 1-81 中,n 路输入信号分别对不同频率载频进行调制,实现时分复用,然后再以时分复用后的信号作为调制信号,对更高频率的载波进行第二次调制。在接收端,先进行第一次解调(与第二次调制对应),恢复出时分复用信号,然后进行解复用,分路后分别进行解调,恢复出各路输入信号。

1.9.3 实验系统构成

实验系统构成如图 1-82 所示。

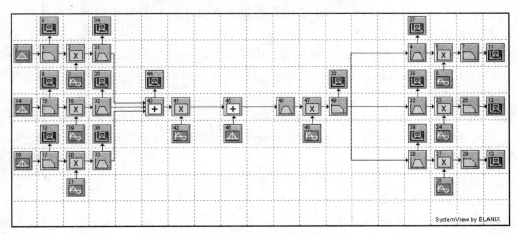

图 1-82 多级调制仿真实验系统图

系统构成说明:该系统的设计采用图 1-82 所示的指导思想,用三路输入信号分别通过模块 2,18,20 三个相乘器对三路不同频率的载波进行 DSB-SC 调制,将频谱搬移到不同频段,实现频分复用,然后以复用后信号作为调制信号,再通过相乘器 41 对更高频的载波进行 DSB-SC 调制;在接收端,通过相乘器 47 和 BPF50 实现第一级解调(与发送端第二级调制对应),解调出频分复用信号,然后分别通过滤波器 4,22,26 实现解复用,分别通过相乘器 5,23,27 对每路信号进行解调,恢复出各路输入信号。

1.9.4 系统模块及参数设置

按照模块编号说明如下:

加法器模块 43 左边的各模块:设置与实验 1.8 中对应位置各模块的设置相同,功能也都是实现三路信号频分复用,只是这 6 个滤波器的 BP Filter Order 项都设置为 3。

模块 42:正弦波产生器。参数设置:Amplitude(V)为 1,Frequency(Hz)为 20 000,Phase(deg)为 0。产生 20 000 Hz 的正弦波,作为第二级调制的载波。

模块 48:正弦波产生器。参数设置与模块 42 相同,作为第一级解调的本地载波。

模块 40:带通滤波器。参数设置:BP Filter Order 为 3,Low Cuttoff(Hz)为 13 000,Hi Cuttoff(Hz)为 30 000。它是接收端的前置滤波器。

模块 50:带通滤波器。参数设置:BP Filter Order 为 3,Low Cuttoff(Hz)为

1 000,Hi Cuttoff(Hz)为 8 000。它与相乘器 47 配合,完成第一级解调。

模块 4:带通滤波器。参数设置:BP Filter Order 为 3,Low Cuttoff(Hz)为 1 400,Hi Cuttoff(Hz)为 2 600。它的作用是从恢复出的频分复用信号中分离出第一路已调信号。

模块 22:带通滤波器。参数设置:BP Filter Order 为 3,Low Cuttoff(Hz)为 3 100,Hi Cuttoff(Hz)为 3 900。它的作用是从恢复出的频分复用信号中分离出第二路已调信号。

模块 26:带通滤波器。参数设置:BP Filter Order 为 3,Low Cuttoff(Hz)为 4 500,Hi Cuttoff(Hz)为 7 000。它的作用是从恢复出的频分复用信号中分离出第三路已调信号。

系统时钟设置:Sample Rate(Hz)为 100 000,Stop Time(sec)为 0.05。

1.9.5 实验结果分析

1)输入输出对比

通过显示模块 8,可以观察发送的第一路输入信号,其时域波形如图 1-83 所示。

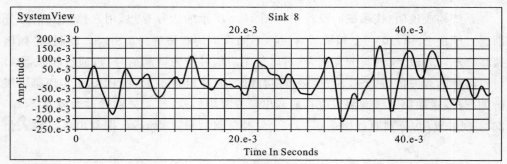

图 1-83 第一路输入信号时域波形图

通过显示模块 11,可以观察第一路输出信号,其时域波形如图 1-84 所示。

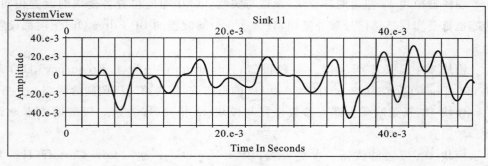

图 1-84 第一路输出信号时域波形图

对比第一路输入输出信号可见,系统很好地恢复出了输入信号。

通过显示模块 9,可以观察发送的第二路输入信号,其时域波形如图 1-85 所示。

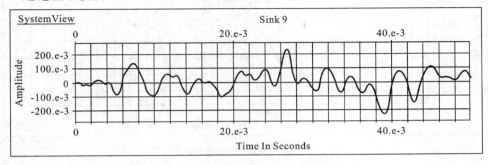

图 1-85　第二路输入信号时域波形图

通过显示模块 12,可以观察第二路输出信号,其时域波形如图 1-86 所示。

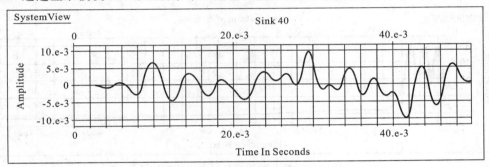

图 1-86　第二路输出信号时域波形图

对比第二路输入输出信号可见,系统很好地恢复出了输入信号。

通过显示模块 10,可以观察发送的第三路输入信号,其时域波形如图 1-87 所示。

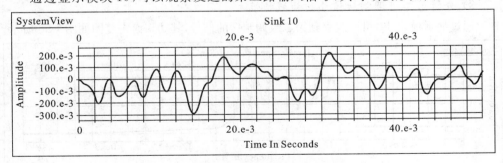

图 1-87　第三路输入信号时域波形图

通过显示模块 13,可以观察第三路输出信号,其时域波形如图 1-88 所示。

对比第三路输入输出信号可见,系统很好地恢复出了输入信号。

综上所述,三路输入信号互不干扰地通过了信道,系统运行正常。

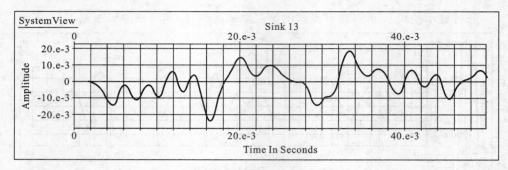

图 1-88　第三路输出信号时域波形图

2）分析复用后信号的频域特性

通过显示模块 44，可以观察到频分复用后的信号，其功率谱密度图如图 1-89 所示。

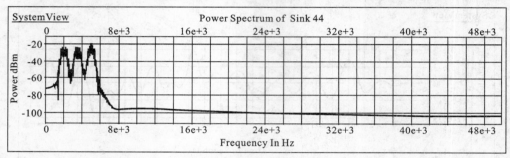

图 1-89　频分复用信号功率谱密度图

由图 1-89 可见，这三路输入信号分别对频率为 2 000,3 500,5 000 Hz 的载波进行 DSB-SC 调制，复用后功率以 2 000,3 500,5 000 Hz 频点为中心进行分布。

3）分析第二级调制后信号的频域特性

通过显示模块 49，可以观察到第二级调制后的信号，其功率谱密度图如图 1-90 所示。

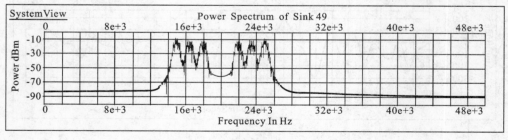

图 1-90　第二级调制后信号功率谱密度图

由图 1-90 可见，第二级调制以频分复用后的信号作为调制信号，对 20 000 Hz 的正弦波进行 DSB-SC 调制，调制前的三峰频谱变为调制后以 20 000 Hz 频点为中心的六峰频谱。

4) 分析接收端第一级调制后信号的频域特性

通过显示模块 30,可以观察到第一级解调后的信号波形,其功率谱密度图如图
1-91 所示。

由图 1-91 可见,第一级解调后,恢复出了图 1-89 中的频分复用信号。

以后的分析和处理同实验 1.8。

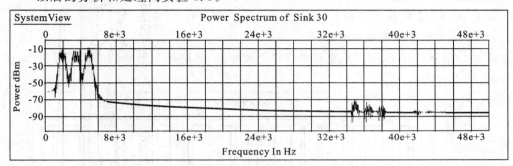

图 1-91　第一级解调后信号功率谱密度图

1.10　不归零码实验

1.10.1　实验目的
本实验的目的是通过在课堂上仿真,直观地说明单极性不归零码和双极性不归
零码的概念及其特性。

1.10.2　实验原理
产生单极性不归零码和双极性不归零码,观察时域、频域波形并进行分析。

1.10.3　实验系统构成
实验系统构成如图 1-92 所示。

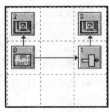

图 1-92　不归零码仿真实验系统图

系统构成说明:模块 0 产生双极性二进制随机波形,模块 1 将双极性波形以 0 为
门限进行判决,高于 0 的判为 1,低于 0 的判为 0,这样就产生了单极性波形。

1.10.4　系统模块及参数设置
按照模块编号说明如下:

模块 0:随机序列产生器,产生 10 Hz 双极性脉冲。参数设置:Amplitude(V)为 1,Rate(Hz)为 10,No. Levels 为 2,Offset(V)为 0,Phase(deg)为 0。

模块 1:非门,将双极性信号判决为单极性信号。参数设置:Threshold 为 0,True Output 为 0,False Output 为 1。

系统时钟设置:Sample Rate(Hz)为 100,Stop Time(sec)为 10。

1.10.5 实验结果分析

1) 单极性不归零码分析

通过显示模块 3,可以观察到单极性不归零码,其时域波形和功率谱密度图如图 1-93、图 1-94 所示。

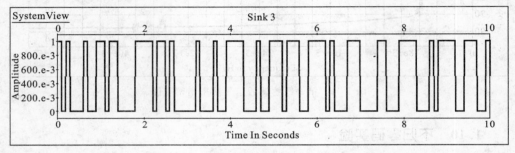

图 1-93　单极性不归零信号时域波形图

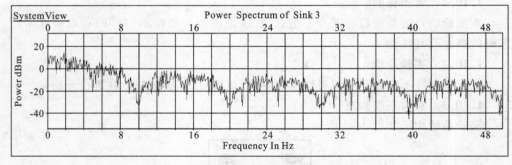

图 1-94　单极性不归零信号功率谱密度图

由功率谱图可以看出,该码型有很强的直流分量和低频分量,主要能量集中在零频附近,在 $f_s=1/T_s$(10 Hz)频点没有离散谱线且是零点。

2) 双极性不归零码分析

通过显示模块 2,可以观察到双极性不归零码,其时域波形和功率谱密度图如图 1-95、图 1-96 所示。

由图 1-96 可见,双极性不归零波形没有直流分量,其他特性与单极性不归零波形相同。

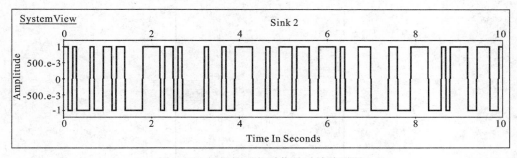

图 1-95 双极性不归零信号时域波形图

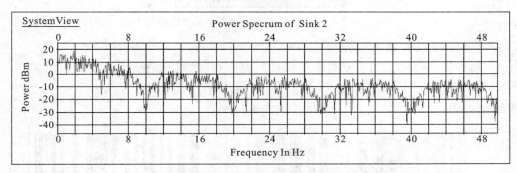

图 1-96 双极性不归零信号功率谱密度图

1.11 单极性归零码实验

1.11.1 实验目的

本实验的目的是通过在课堂上仿真,直观地说明单极性归零码的概念及特性。

1.11.2 实验原理

用双极性波形与频率是它一倍的单极性时钟脉冲相乘,产生单极性归零码,并观察时域、频域波形并进行分析。

1.11.3 实验系统构成

实验系统构成如图 1-97 所示。

1.11.4 系统模块及参数设置

按照模块编号说明如下:

模块 0:随机序列产生器,产生 10 Hz 双极性脉冲。参数设置:Amplitude(V)为 1,Rate(Hz)为 10,No. Levels 为 2,Offset(V)为 1,Phase(deg)为 0。

模块 1:时钟脉冲产生器。参数设置:Amplitude(V0-p)为 1,Frequency(Hz)为 10,Pulse Width(sec)为 0.05,Offset(V)为 0,Phase(deg)为 0。

系统时钟设置:Sample Rate(Hz)为 1 000,Stop Time(sec)为 2。

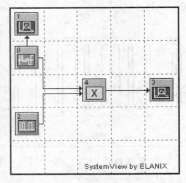

图 1-97　单极性归零码仿真实验系统图

1.11.5　实验结果分析

通过显示模块 3,可以观察到单极性归零码,其时域和功率谱密度图如图 1-98、图 1-99 所示。

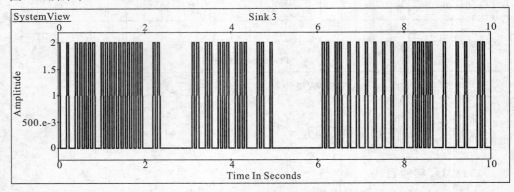

图 1-98　单极性归零信号时域波形图

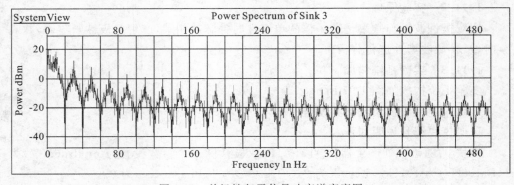

图 1-99　单极性归零信号功率谱密度图

由功率谱图可以看出,该码型有直流分量和低频分量,主要能量集中在零频附近,在 $f_s = 1/T_s$(10 Hz)频点有离散谱线,在 30 Hz,50 Hz,70 Hz,…也有离散谱线;

第一零点扩展到了 20 Hz,与同样码元重复频率的不归零信号相比,带宽加倍,这是因为占空比为 50%。

1.12 双极性归零码实验

1.12.1 实验目的
本实验的目的是通过在课堂上仿真,直观地说明双极性归零码的概念及特性。

1.12.2 实验原理
对双极性不归零脉冲进行处理,产生双极性归零波形,观察时域、频域波形并进行分析。

1.12.3 实验系统构成
实验系统构成如图 1-100 所示。

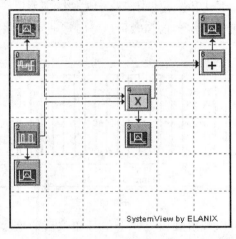

图 1-100 双极性归零码仿真实验系统图

设计思想:模块 0 发出不归零双极性脉冲,模块 2 产生倍频双极性脉冲,相乘后,将模块 0 发出的"1"码元变成"1 −1","0"码元变成"−1 1",再与原来的脉冲相加,这样,"1"码元变成"2 0","0"码元变成"−2 0",就形成了占空比为 50%的双极性归零波形。

1.12.4 系统模块及参数设置
按照模块编号说明如下:

模块 0:随机序列产生器,产生 10 Hz 双极性脉冲。参数设置:Amplitude(V)为 1,Rate(Hz)为 10,No. Levels 为 2,Offset(V)为 0,Phase(deg)为 0。

模块 2:时钟脉冲产生器。参数设置:Amplitude(V0-p)为 2,Frequency(Hz)为 10,Pulse Width(sec)为 0.05,Offset(V)为 −1,Phase(deg)为 0。

系统时钟设置：Sample Rate(Hz)为1 000,Stop Time(sec)为2。

1.12.5 实验结果分析

1) 双极性归零波形形成过程分析

通过显示模块1,可以观察到随机序列产生器产生的双极性不归零波形,如图1-101所示。

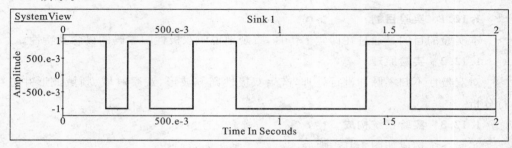

图 1-101 双极性不归零信号时域波形图

通过显示模块7,可以观察到倍频时钟信号时域波形,如图1-102所示。

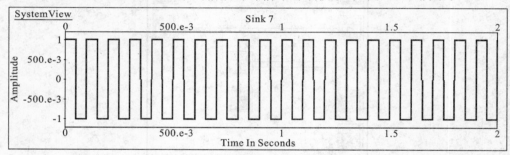

图 1-102 倍频时钟信号时域波形图

通过显示模块3,可以观察到以上两个信号相乘后的信号时域波形,如图1-103所示。

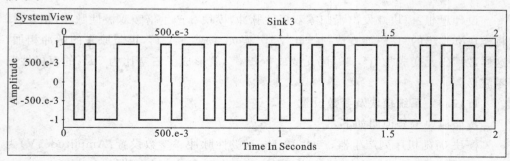

图 1-103 显示模块3观察到的信号时域波形图

由图1-103可见,图1-98中的"1"码元变成"1 －1","0"码元变成"－1 1",显然此波形与图 1-98 波形相加,就形成了占空比为 50% 的双极性归零波形。

　　2）双极性归零波形特性分析

　　通过显示模块 5,可以观察到双极性归零信号波形,如图 1-104 所示,其相应的功率谱密度图如图 1-105 所示。

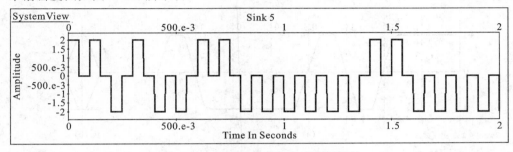

图 1-104　双极性归零信号时域波形图

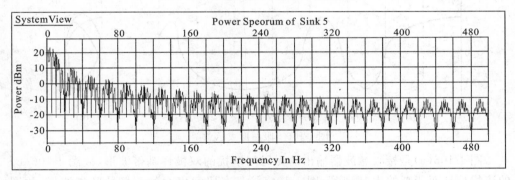

图 1-105　双极性归零信号功率谱密度图

　　由功率谱图可以看出,该码型有丰富的低频分量,主要能量集中在零频附近,没有离散谱线,没有直流分量;第一零点扩展到了 20 Hz,与同样码元重复频率的不归零信号相比,带宽加倍,这是因为占空比为 50%。

1.13　眼图实验

1.13.1　实验目的

　　本实验的目的是通过在课堂上仿真,说明用 SystemView 生成眼图的方法及眼图随信号和噪声特性的变化。

1.13.2　实验原理

　　眼图是利用实验手段方便地估计和改善系统性能时在示波器上观察到的一种图形。观察眼图的方法:用示波器跨接在接收滤波器的输出端,然后调整示波器水平扫描周期,使其与接收码元的周期同步。

从示波器显示的图形上,可以观察出码间干扰和噪声的影响,从而估计系统性能的优劣程度。在传输二进制信号波形时,显示的图形很像人的眼睛,故名"眼图"。

眼图的形成是因示波器的余晖消失较慢,造成多码元信号快速叠加,叠加效果如图 1-106 所示。

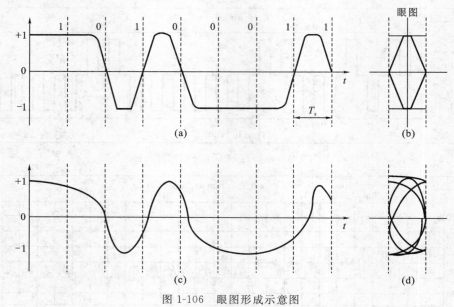

图 1-106　眼图形成示意图

图 1-106(a)是接收滤波器输出的无码间串扰的双极性基带波形,故图 1-106(b)的迹线呈细而清晰的大"眼睛";图 1-106(c)是有码间串扰的双极性基带波形,故图 1-106(d)的迹线呈杂乱的小"眼睛",而且不正。

1.13.3　实验系统构成

实验系统构成如图 1-107 所示。

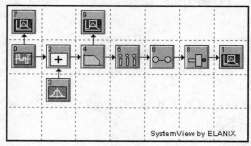

图 1-107　二进制双极性不归零波形基带传输仿真实验系统图

设计思想:模块 0 发出不归零双极性脉冲,送入信道,信道中有噪声干扰,由低通滤波器 4 模拟信道的滤波特性,也就是接收端的前置滤波器,然后对信号进行恢复。

1.13.4 系统模块及参数设置

按照模块编号说明如下：

模块0：随机序列产生器，产生50 Hz双极性脉冲。参数设置：Amplitude(V)为1，Rate(Hz)为50，No. Levels为2，Offset(V)为0，Phase(deg)为0。

模块3：高斯噪声产生器。参数设置：Constant Parameter项选Std Deviation，Std Deviation(V)为0，Mean(V)为0。它产生0 V噪声。

模块4：低通滤波器。参数设置：No. of Poles为3，Low Cuttoff(Hz)为70。

模块5：采样器。参数设置：Sample Rates(Hz)为50，Apertuer(sec)为0，Jitter(Hz)为0。采样频率设置为50 Hz。

模块6：保持器。参数设置：Hold Value选择Last Sample，Gain为1。

模块7：非门。参数设置：Threshold为0，True Output为−1，False Output为1。

系统时钟设置：Sample Rate(Hz)为1 000，Stop Time(sec)为1。

1.13.5 实验结果分析

1) 输入输出信号对比

通过显示模块7，可以观察到随机序列产生器产生的双极性归零波形，其波形如图1-108所示。

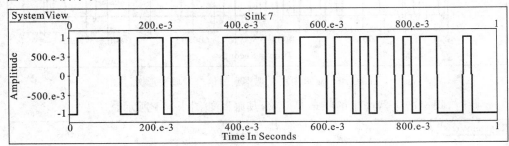

图1-108 输入的双极性归零信号时域波形图

通过显示模块1，可以观察到输出端最终恢复的波形，其波形如图1-109所示。

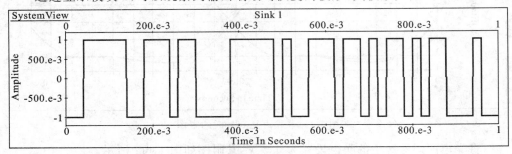

图1-109 输出端恢复信号时域波形图

对比以上两图可知,接收端很好地恢复出了输入信号,系统设计正确,工作正常。

2) 观察眼图

在 SystemView Analysis 页面下,点击屏幕左下角的 $\sqrt{a}$,调出操作菜单,然后点击 style,在 slice 下有两个可以填写的框:一个是 Start(sec),它标志从什么时候开始观察眼图,一般根据系统的延迟情况,以能够显示完整的眼图为准,这里填 0.04;另一个是 Length(sec),它告诉系统在几个码元的时间内进行叠加,发生的码元重复频率为 50 Hz,每个码元长度为 0.02 s,这里填 0.04,即在两个码元范围内叠加,可以横向显示两只眼睛。

眼图观察点应该在接收滤波器之后、采样判决之前,即显示模块 9 所在的位置,此处信号质量的好坏直接决定了判决后恢复信号的误码率的高低。通过显示模块 9,可以观察到接收端收到的受到信道噪声干扰的信号,其时域波形如图 1-110 所示。

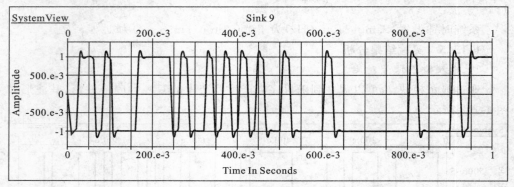

图 1-110   显示模块 9 观察到的信号时域波形图

此时,噪声产生器产生的噪声是 0 V,其眼图如图 1-111 所示。

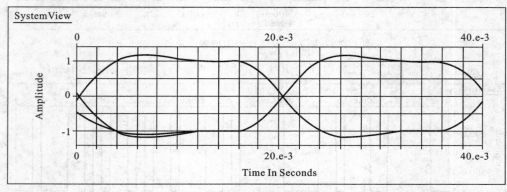

图 1-111   噪声是 0 V 时的眼图

将噪声产生器产生的噪声设置为 0.3 V,其眼图如图 1-112 所示。

将噪声产生器产生的噪声设置为 0.7 V,其眼图如图 1-113 所示。

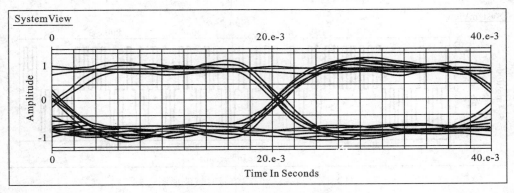

图 1-112 噪声是 0.3 V 时的眼图

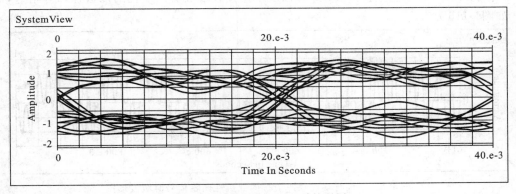

图 1-113 噪声是 0.7 V 时的眼图

由以上三幅眼图可见,噪声越大,眼眶越粗,眼睛张开越小。双极性不归零信号只有正负两种电平,反映在眼图上,纵向上看只有一只眼睛。

3) 观察双极性归零波形的眼图

双极性归零波形产生和接收系统如图 1-114 所示。

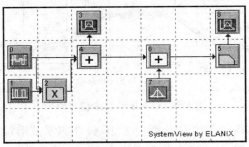

图 1-114 双极性归零波形产生与接收

图 1-114 中,通过显示模块 3 可以观察到双极性归零信号,码元重复频率为 50 Hz,如图1-115所示。

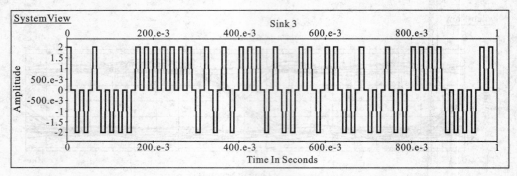

图 1-115　双极性归零信号时域波形图

图 1-114 中,通过显示模块 8 可以观察到接收端被噪声干扰的双极性归零信号,如图1-116所示。

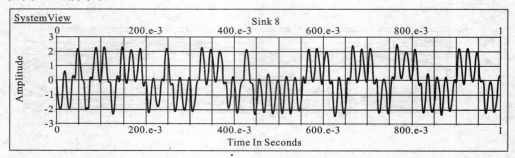

图 1-116　接收端被噪声干扰的双极性归零信号时域波形图

对显示模块 8 绘制眼图,如图 1-117 所示。

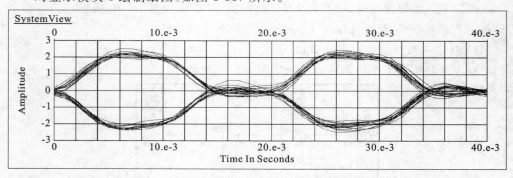

图 1-117　双极性归零信号眼图

由图 1-117 可见,由于每个脉冲都归零,双极性归零波形没有连续的高电平脉冲和连续的低电平脉冲,所以该波形的眼图没有上下水平眼眶,眼角零区域范围较长。

4)观察四进制波形眼图

将图 1-114 中 0 模块进行如下参数设置:Amplitude(V)为 6,Rate(Hz)为 50,

No. Levels 为 4，Offset(V) 为 0，Phase(deg) 为 0，则通过显示模块 7 可以观察到四电平信号，码元重复频率为 50，如图 1-118 所示。

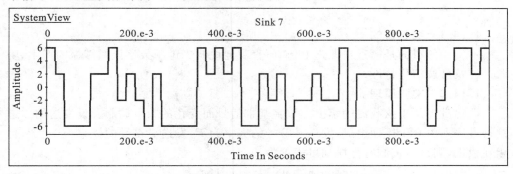

图 1-118　四电平信号时域波形图

通过显示模块 9 可以观察到接收端被噪声干扰四电平信号，如图 1-119 所示。

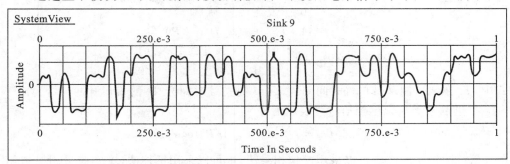

图 1-119　接收端被噪声干扰的四电平信号时域波形图

对显示模块 9 绘制眼图，如图 1-120 所示。

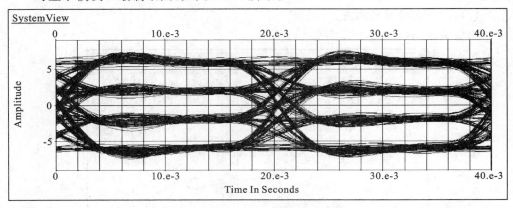

图 1-120　四电平信号眼图

由图 1-120 可见，纵向有三只眼睛，这是因为信号有四种电平。

1.14 二进制数字振幅键控(2ASK)实验

1.14.1 实验目的

本实验的目的是通过在课堂上仿真,直观地说明二进制数字振幅键控的产生、解调过程及已调信号特性。

1.14.2 实验原理

振幅键控是正弦载波的幅度随数字基带信号而变化的数字调制。设发送的二进制符号序列由 0,1 序列组成,发送 0 符号的概率为 P,发送 1 符号的概率为 $1-P$,且相互独立,则该二进制符号序列可表示为:

$$s(t) = \sum_n a_n g(t - nT_s)$$

其中:

$$a_n = \begin{cases} 0 & (\text{发送概率为 } P) \\ 1 & (\text{发送概率为 } 1-P) \end{cases}$$

$$g(t) = \begin{cases} 1 & (0 \leqslant t \leqslant T_s) \\ 0 & (\text{其他 } t) \end{cases}$$

式中,T_s 是二进制基带信号时间间隔;$g(t)$ 是持续时间为 T_s 的矩形脉冲。

二进制数字振幅键控信号可表示为:

$$e_{2ASK}(t) = \sum_n a_n g(t - nT_s)\cos \omega_c t$$

2ASK 信号的产生可以采用模拟相乘法,也可以采用键控法,本实验采用模拟相乘法;2ASK 系统的解调可以采用非相干解调,也可以采用线性检测法,本实验采用线性检测法。

1.14.3 实验系统构成

实验系统构成如图 1-121 所示。

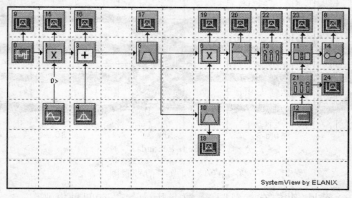

图 1-121　二进制数字振幅键控仿真实验系统图

设计思想:调制采用模拟相乘法,用二进制单极性不归零脉冲乘以单频正弦载波;解调采用相乘低通的方法,其中本地载波从接收的已调信号中提取。

1.14.4 系统模块及参数设置

按照模块编号说明如下:

模块 0:随机序列产生器,产生 50 Hz 单极性脉冲。参数设置:Amplitude(V)为 0.5,Rate(Hz)为 50,No. Levels 为 2,Offset(V)为 0.5,Phase(deg)为 0。

模块 2:正弦波发生器,产生 500 Hz 单频正弦波作为载波。参数设置:Amplitude(V)为 1,Frequency(Hz)为 500,Phase(deg)为 0。

模块 4:高斯噪声产生器,加入 0.8 V 噪声。参数设置:Constant Parameter 项选 Std Deviation,Std Deviation(V)为 0.8,Mean(V)为 0。

模块 5:带通滤波器,是解调器的前置滤波器,通频带为 430～570 Hz。参数设置:BP Filter Order 为 3,Low Cuttoff(Hz)为 430,Hi Cuttoff(Hz)为 570。

模块 10:带通滤波器,通频带为 499～501 Hz。它的作用是从接收的已调信号中提取 500 Hz 的单频载波,用于解调。参数设置:BP Filter Order 为 1,Low Cuttoff(Hz)为 430,Hi Cuttoff(Hz)为 570。

模块 7:低通滤波器。参数设置:No. of Poles 为 3,Low Cuttoff(Hz)为 65。

模块 13,21:采样器。参数设置:Sample Rates(Hz)为 50,Apertuer(sec)为 0,Jitter(Hz)为 0。

模块 12:阶跃信号产生器。参数设置:Amplitude(V)为 0.1,Start Time(sec)为 0,Offset(V)为 0,即从 0 s 开始,产生 0.1 V 的直流脉冲。

模块 11:比较器。参数设置:Select Comparison 选择 a≥b,True Output(V)为 0,False Output(V)为 1。对解调出来的模拟基带信号进行 50 Hz 采样,作为比较器的 a 路输入;对 0.1 V 的直流信号进行同频率的采样,作为比较器的 b 路输入。比较器的作用是当 a≥b 时,输出 1,否则输出 0,经过保持器 14 保持,从而恢复出发送的二进制数字信号。

系统时钟设置:Sample Rate(Hz)为 5 000,Stop Time(sec)为 1。

1.14.5 实验结果分析

1)输入输出信号对比

通过显示模块 9,可以观察到输入的二进制数字波形,其波形如图 1-122 所示。

通过显示模块 8,可以观察到输出端最终恢复的波形,其波形如图 1-123 所示。

对比图 1-122 和图 1-123 可知,开始的几个码元不同(这是由恢复本地载波时滤波器的起振过程引起的),之后的所有码元都相同,因此接收端很好地恢复出了输入信号,系统设计正确,工作正常。

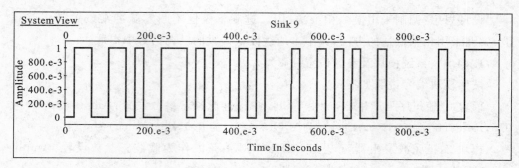

图 1-122　输入的二进制波形时域图

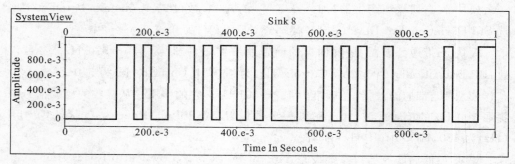

图 1-123　输出端恢复信号时域波形图

2）2ASK 信号特性分析

通过显示模块 15,可以观察到 2ASK 已调信号,其时域波形如图 1-124 所示,其功率谱密度图如图 1-125 所示。

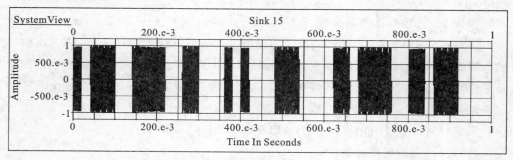

图 1-124　2ASK 信号时域波形图

对比图 1-122 的基带信号,已调信号中用振幅为 0 V 的正弦波表示基带信号的 0 码元,振幅为 1 V 的正弦波表示基带信号的 1 码元。

图 1-123 中基带信号的功率谱密度图如图 1-126 所示。

由图 1-125 和 1-126 可知,基带信号有直流分量,第一零点为 50 Hz;已调信号频谱是将基带信号线性搬移到载频处,同时带宽加倍;功率主要分布在 450～550 Hz 范

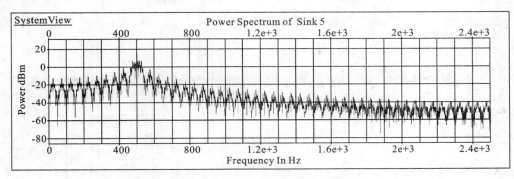

图 1-125　2ASK 信号功率谱密度图

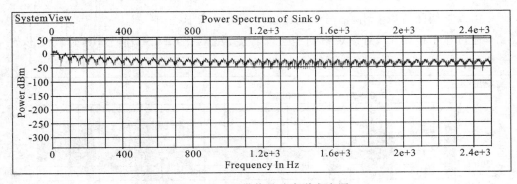

图 1-126　基带信号功率谱密度图

围,在载频点有离散谱线,说明有单独的载频项,这是由基带信号中的直流分量造成的。

3) 前置滤波器对噪声过滤作用分析

解调器前置带通滤波器 5 能有效滤除带外噪声。

通过显示模块 16,可以观察到受到信道噪声污染的 2ASK 信号,其时域波形如图 1-127 所示,其功率谱密度图如图 1-128 所示。

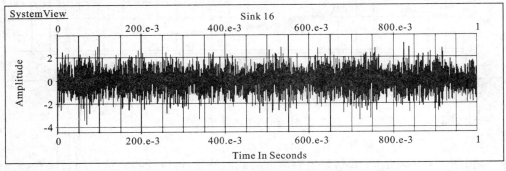

图 1-127　经过前置滤波器前的 2ASK 信号时域波形图

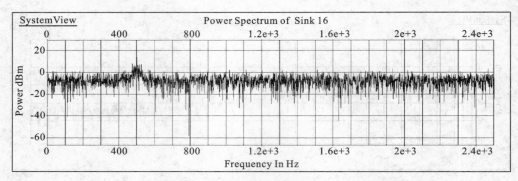

图 1-128 经过前置滤波器前的 2ASK 信号功率谱密度图

由以上两图可以看出,信号受到比较严重的噪声干扰。

通过显示模块 17,可以观察到经过前置滤波器后的 2ASK 信号,其时域波形如图 1-129 所示,其功率谱密度图如图 1-130 所示。

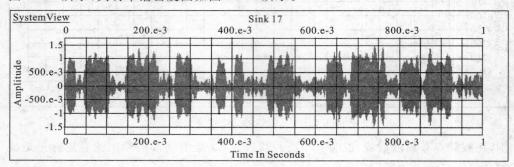

图 1-129   经过前置滤波器后的 2ASK 信号时域波形图

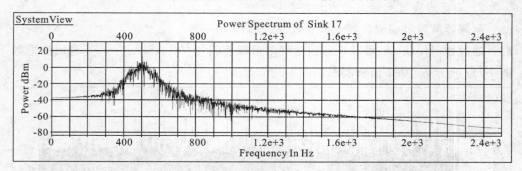

图 1-130   经过前置滤波器后的 2ASK 信号功率谱密度图

由以上两图可以看出,滤波器对噪声的滤除效果很明显。

4）本地载波提取过程分析

由图 1-130 可见,接收信号中有离散的载波分量,可以让接收信号通过窄带滤波器（模块 10）获取单频载波。

通过显示模块 18,可以观察到获取的单频载波,其时域波形如图 1-131 所示,其功率谱密度图如图 1-132 所示。

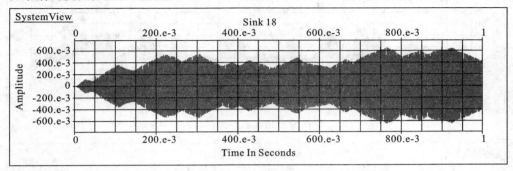

图 1-131 从接收到的 2ASK 信号中提取的单频载波时域波形图

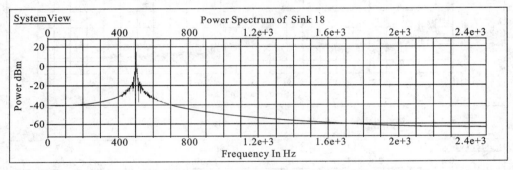

图 1-132 从接收到的 2ASK 信号中提取的单频载波功率谱密度图

由功率谱图可知,得到的载波分布在载频点,而且频率单一,符合要求。由时域波形可以看出,滤波器逐渐震荡,所以在前几个码元时间内,载波的幅度很小,这是造成恢复信号前几个码元误码的原因。

5）解调过程分析

相乘器模块 6 将图 1-131 和图 1-129 的信号相乘,进行相干解调。在 1 码处,是两个同频同相的载波相乘,是载波的平方;在 0 码处,只有噪声。通过显示模块 19,可以观察到相乘后的波形,如图 1-133 所示,其功率谱密度图如图 1-134 所示。

由图 1-134 可以看出,已调信号的功率谱被搬移到零频和载波倍频(1 000 Hz)附近,经过低通滤波器 7 可以恢复出基带信号,通过观察模块 20 就可以看到,如图 1-135所示。

6）脉冲整形过程分析

图 1-133 显示了低通滤波器恢复出的是基带模拟信号,还需要将它恢复成发端发送的数字信号。采样器 13 以 50 Hz 的频率对模拟信号采样,通过显示模块 22 可以观察到采样的波形,如图 1-136 所示。

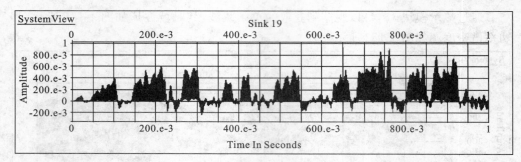

图 1-133　解调器中相乘器输出信号时域波形图

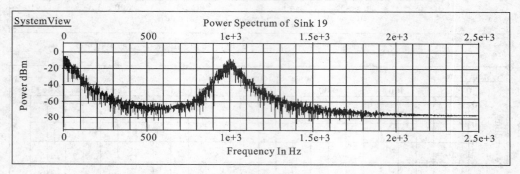

图 1-134　解调器中相乘器输出信号功率谱密度图

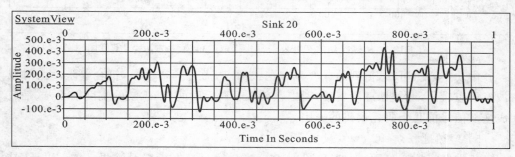

图 1-135　解调器中低通滤波器输出信号时域波形图

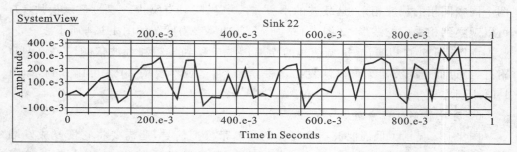

图 1-136　采样器 13 对基带模拟信号进行采样后的时域波形图

在 SystemView 中,每个采样点都用直线段连接起来,以利于观察,因此图 1-136 显示的曲线是折线。

观察模块 24 显示的是采样器以 50 Hz 频率对 0.1 V 的直流信号采样后的波形,如图 1-137 所示。

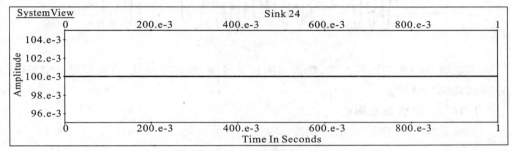

图 1-137　采样器 21 对 0.1 V 直流信号采样后的时域波形图

由图 1-137 可见,波形仍然是幅度为 0.1 V 的直线,实际上是一个一个离散的点,只是系统将这些点用直线段连接起来,以利于显示。

比较器 11 将图 1-136 中的样点与图 1-137 中的样点相比较,大于 0.1 V 的点判为 1,否则判为 0。显示模块 23 显示的是判决之后的波形,如图 1-138 所示。

以上信号经过保持器后就可得到最终恢复信号,如图 1-123 所示。

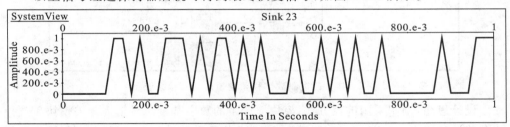

图 1-138　判决后的时域波形图

1.15　二进制数字移频键控(2FSK)实验

1.15.1　实验目的

本实验的目的是通过在课堂上仿真,直观地说明二进制数字移频键控的产生、解调过程及已调信号特性。

1.15.2　实验原理

设二进制数字基带信号码元长度为 T_s,则移频键控调制是指已调信号用时间长度为 T_s 的一种频率载波表示基带码元 0,用时间长度为 T_s 的另一种频率载波表示基带码元 1,示意图如图 1-139 所示。

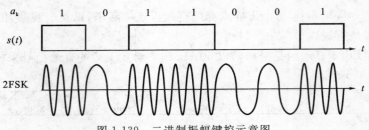

图 1-139 二进制振幅键控示意图

本实验调制采用键控方式,解调采用相干解调,相关理论见《通信原理》(樊昌信,曹丽娜,2007)教材。

1.15.3 实验系统构成

实验系统构成如图 1-140 所示。

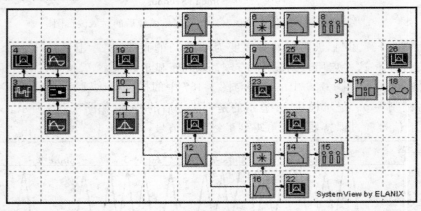

图 1-140 二进制数字移频键控仿真实验系统图

设计思想:调制采用键控方式,模块 3 产生的数字基带信号指挥开关模块 1 选择两种载波的输出;解调时,滤波器模块 5 和 12 将两种载波信号分开,分别采用相乘低通的方法,然后进行比较处理得到最终的恢复信号。

1.15.4 系统模块及参数设置

按照模块编号说明如下:

模块 3:随机序列产生器,产生 50 Hz 单极性脉冲。参数设置:Amplitude(V)为 0.5,Rate(Hz)为 50,No. Levels 为 2,Offset(V)为 0.5,Phase(deg)为 0。

模块 2:正弦波发生器,产生 1 000 Hz 单频正弦波作为载波。参数设置:Amplitude(V)为 1,Frequency(Hz)为 1 000,Phase(deg)为 0。

模块 0:正弦波发生器,产生 500 Hz 单频正弦波作为载波。参数设置:Amplitude(V)为 1,Frequency(Hz)为 500,Phase(deg)为 0。

模块 11:高斯噪声产生器,加入 0.1 V 噪声。参数设置:Constant Parameter 项选 Std Deviation,Std Deviation(V)为 0.1,Mean(V)为 0。

模块5:带通滤波器,通频带为430~570 Hz,主要功能是将500 Hz附近的信号分离出来。参数设置:BP Filter Order 为 3,Low Cuttoff(Hz)为 430,Hi Cuttoff(Hz)为 570。

模块12:带通滤波器,通频带为930~1 070 Hz,主要功能是将1 000 Hz附近的信号分离出来。参数设置:BP Filter Order 为 3,Low Cuttoff(Hz)为 930,Hi Cuttoff(Hz)为 1 070。

模块9:带通滤波器,通频带为497~503 Hz,主要功能是提取500 Hz单频载波。参数设置:BP Filter Order 为 3,Low Cuttoff(Hz)为 497,Hi Cuttoff(Hz)为 503。

模块16:带通滤波器,通频带为998~1 002 Hz,主要功能是提取1 000 Hz单频载波。参数设置:BP Filter Order 为 3,Low Cuttoff(Hz)为 998,Hi Cuttoff(Hz)为 1 002。

模块7:低通滤波器,截止频率为60 Hz,用于恢复500 Hz载波所代表的基带码元对应的模拟基带信号。参数设置:No. of Poles 为 3,Low Cuttoff(Hz)为 60。

模块14:低通滤波器,截止频率为60 Hz,用于恢复1 000 Hz载波所代表的基带码元对应的模拟基带信号。参数设置:No. of Poles 为 3,Low Cuttoff(Hz)为 60。

模块8,15:采样器,采样频率为50 Hz,分别对上下两路模拟基带信号进行采样。参数设置:Sample Rates(Hz)为 50,Apertuer(sec)为 0,Jitter(Hz)为 0。

模块17:比较器。参数设置:Select Comparison 选择 a≥b,True Output(V)为 0,False Output(V)为 1。对上支路解调出来的模拟基带信号进行 50 Hz 采样后,作为比较器的 a 路输入;对下支路解调出来的模拟基带信号进行 50 Hz 采样后,作为比较器的 b 路输入。比较器的作用是当 $a \geq b$ 时,输出 0,否则输出 1,经过保持器 18 保持,从而恢复出发送的二进制数字信号。

系统时钟设置:Sample Rate(Hz)为 5 000,Stop Time(sec)为 1。

1.15.5 实验结果分析

1) 输入输出信号对比

通过显示模块4,可以观察到输入的二进制数字基带波形,如图1-141所示。

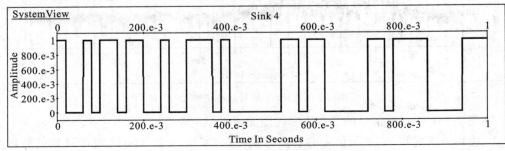

图1-141 输入的二进制波形时域图

通过显示模块 26,可以观察到输出端最终恢复的波形,如图 1-142 所示。

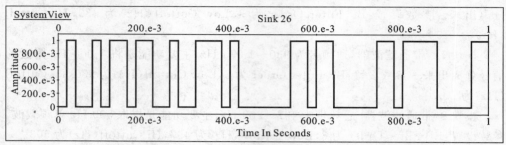

图 1-142 输出端恢复信号时域波形图

对比以上两图可知,接收端很好地恢复出了输入信号,系统设计正确,工作正常。

2) 2FSK 信号特性分析

通过显示模块 19,可以观察到 2FSK 已调信号的时域波形,如图 1-143 所示。

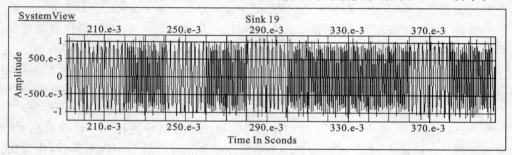

图 1-143 2FSK 信号时域波形图

对比图 1-141 的基带信号可以看出,已调信号中用 500 Hz 载波表示基带信号的 0,用 1 000 Hz 载波表示基带信号的 1。已调信号功率谱密度图如图 1-144 所示。

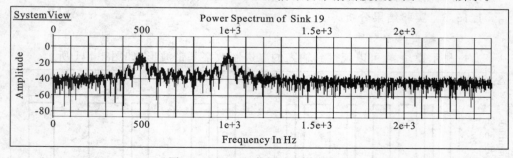

图 1-144 2FSK 信号功率谱密度图

图 1-142 中基带信号的功率谱密度图如图 1-145 所示。

由以上两图可知,基带信号有直流分量,第一零点为 50 Hz;已调信号频谱是将基带信号搬移到 500 Hz 和 1 000 Hz 两个载频点,形成双峰频谱,每个峰与基带信号

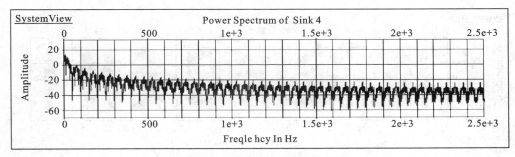

图 1-145　基带信号功率谱密度图

相比带宽加倍;在每个载频点都有离散谱线,说明有单独的载频项,这是由基带信号中的直流分量造成的。

3) 分路滤波器 5 作用分析

分路滤波器 5 是取出 500 Hz 处的信号,通过显示模块 20,可以观察到分路后的上支路信号,其时域波形如图 1-146 所示,其功率谱密度图如图 1-147。

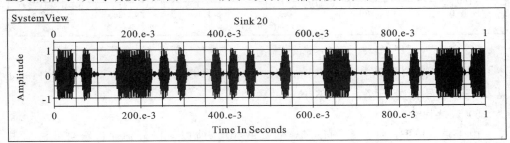

图 1-146　经过分路滤波器后的上支路信号时域波形图

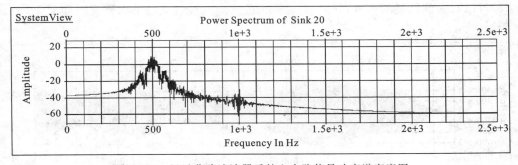

图 1-147　经过分路滤波器后的上支路信号功率谱密度图

由图 1-147 可见,完成了对 500 Hz 处单峰的提取。

4) 分路滤波器 12 作用分析

分路滤波器 12 是取出 1 000 Hz 处的信号,通过显示模块 21,可以观察到分路后的下支路信号,其时域波形如图 1-148 所示,其功率谱密度图如图 1-149 所示。

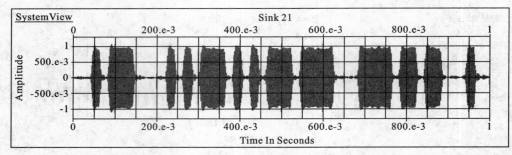

图 1-148 经过分路滤波器后的下支路信号时域波形图

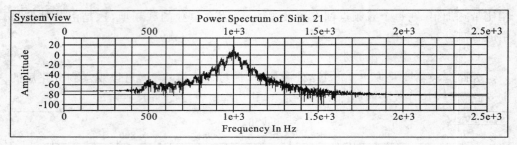

图 1-149 经过分路滤波器后的下支路信号功率谱密度图

由图 1-149 可见,完成了对 1 000 Hz 处单峰的提取。比较图 1-147 和 1-149 可见,2FSK 信号相当于两个 2ASK 信号的叠加。

5) 载波同步分析

由于在 500 Hz 和 1 000 Hz 频点有离散频谱,所以可以分别通过窄带滤波器得到两种单频载波。滤波器 9 的主要功能是进行 500 Hz 载波的提取,通过显示模块 23,可以观察到恢复的载波,其时域波形如图 1-150 所示,其功率谱密度图如图 1-151 所示。

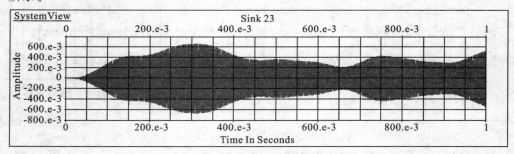

图 1-150 恢复的 500 Hz 载波时域波形图

滤波器 16 的主要功能是进行 1 000 Hz 载波提取,通过显示模块 22,可以观察到恢复的载波,其时域波形如图 1-152 所示,其功率谱密度图如图 1-153 所示。

由图 1-151 和图 1-153 可以看出,窄带滤波器很好地完成了对载波的恢复。

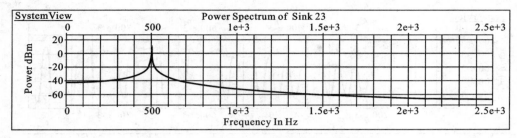

图 1-151　恢复的 500 Hz 载波功率谱密度图

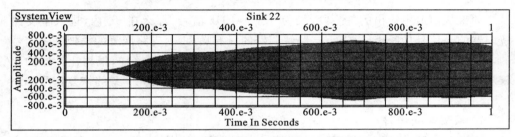

图 1-152　恢复的 1 000 Hz 载波时域波形图

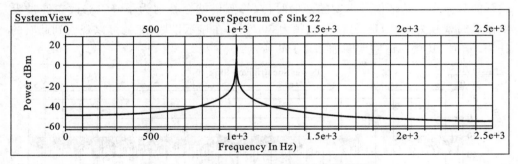

图 1-153　恢复的 1 000 Hz 载波功率谱密度图

6）上、下支路相关解调后信号分析

通过显示模块 25,可以观察到上支路相干解调后信号的时域波形,如图 1-154 所示。

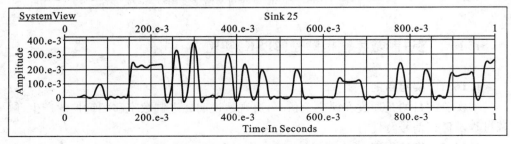

图 1-154　上支路恢复的 0 码元对应的模拟基带信号时域波形图

通过显示模块 24,可以观察到下支路相干解调后信号的时域波形,如图 1-155 所示。

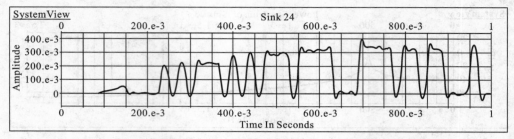

图 1-155 下支路恢复的 1 码元对应的模拟基带信号时域波形图

如果从信道中输出的是一段(长为 T_s)500 Hz 信号,那么在 T_s 内,进入上支路解调器的是信号加噪声,进入下支路解调器的只有噪声,上支路恢复的模拟基带信号的电平比下支路高。对比以上两图也可以得出同样的结论。这样,根据比较器的比较规则,就能正确恢复出 0 码元,同理也可以正确恢复出 1 码元。最终恢复信号如图 1-152 所示。

7)观察单峰频谱

当两个载频点距离较远时,2FSK 信号表现为双峰频谱,如图 1-154 所示;当两个载频的频差小于基带信号带宽的两倍时,双峰频谱就会叠加为单峰。修改正弦波发生器 2 的载频为 550 Hz,另一个载频为 500 Hz,在显示模块 19 就可以观察到此时的 2FSK 信号,其功率谱密度图如图 1-156 所示。

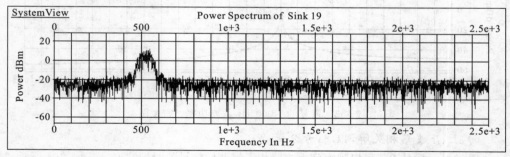

图 1-156 2FSK 单峰功率谱密度图

1.16 二进制数字移相键控(2PSK)实验

1.16.1 实验目的

本实验的目的是通过在课堂上仿真,直观地说明二进制数字移相键控的产生、解调过程及已调信号特性。

1.16.2 实验原理

设二进制数字基带码元长度为 T_s,则二进制数字移相键控是指用已调信号中 0

相位的一段时间长度为 T_s 的载波表示一种基带码元(如 0),用 π 相位的一段时间长度为 T_s 的同频载波表示另一种基带码元(如 1)。

2PSK 信号的产生可以采用模拟相乘法,也可以采用键控法。本实验采用键控法,用二进制数字基带码元控制开关选择 0 相位载波和 π 相位载波的输出。本实验中 2PSK 系统的解调采用相干解调。

1.16.3 实验系统构成

实验系统构成如图 1-157 所示。

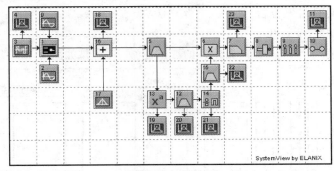

图 1-157 二进制数字移相键控仿真实验系统图

设计思想:调制采用键控法,用模块 3 产生的二进制单极性脉冲控制键控开关模块 1 对于模块 0 和 2 两种相位载波的选择;解调采用相干解调法,其中本地载波从接收的已调信号中提取。

1.16.4 系统模块及参数设置

按照模块编号说明如下:

模块 3:随机序列产生器,产生 50 Hz 单极性脉冲。参数设置:Amplitude(V)为 0.5,Rate(Hz)为 50,No. Levels 为 2,Offset(V)为 0.5,Phase(deg)为 0。

模块 0:正弦波发生器,产生 500 Hz 单频正弦波作为载波。参数设置:Amplitude(V)为 1,Frequency(Hz)为 500,Phase(deg)为 0。

模块 2:正弦波发生器,产生 500 Hz 单频正弦波作为载波。参数设置:Amplitude(V)为 1,Frequency(Hz)为 500,Phase(deg)为 180。

模块 5:带通滤波器,是解调器的前置滤波器,通频带为 430～570 Hz。参数设置:BP Filter Order 为 3,Low Cuttoff(Hz)为 430,Hi Cuttoff(Hz)为 570。

模块 13:乘方器,Exponet 项设为 2,其作用是将接收到已调信号平方。

模块 12:带通滤波器,通频带为 998～1 002 Hz,其作用是获取 1 000 Hz 单频正弦波。参数设置:BP Filter Order 为 3,Low Cuttoff(Hz)为 998,Hi Cuttoff(Hz)为1 002。

模块 14:分频器,对输入信号进行 2 分频,得到频率为 500 Hz 波形。参数设置:Divide By 为 2,Threshold(V)为 0,True Output 为 1,False Output 为 −1,Cntrl

Threshold(V)为 0.5。

模块 15:带通滤波器,通频带为 490~510 Hz,其作用是获取 500 Hz 单频正弦波,作为本地载波。参数设置:BP Filter Order 为 3,Low Cuttoff(Hz)为 490,Hi Cuttoff(Hz)为 510。

模块 7:低通滤波器,截止频率为 60 Hz,恢复数字基带信号对应的模拟信号。参数设置:No. of Poles 为 3,Low Cuttoff(Hz)为 60。

系统时钟设置:Sample Rate(Hz)为 5 000,Stop Time(sec)为 1。

1.16.5 实验结果分析

1)输入输出信号对比

通过显示模块 4,可以观察到输入的二进制数字波形,如图 1-158 所示。

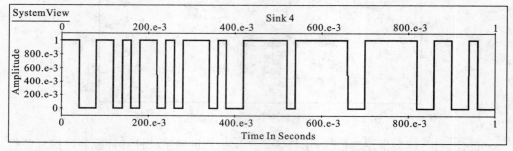

图 1-158 输入的二进制波形时域图

通过显示模块 11,可以观察到输出端最终恢复的波形,如图 1-159 所示。

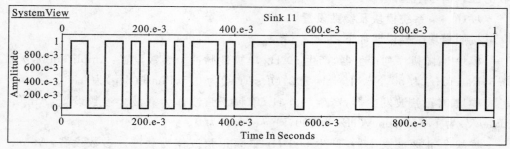

图 1-159 输出端恢复信号时域波形图

对比以上两图可知,接收端很好地恢复出了输入信号,系统设计正确,工作正常。

2)2PSK 信号特性分析

通过显示模块 18,可以观察到 2PSK 已调信号,其时域波形如图 1-160 所示。

图 1-160 中竖白线为反相点,放大后如图 1-161 所示,其功率谱密度图如图1-162 所示。

由图 1-162 可见,2PSK 信号功率集中在载频点,带宽是基带信号带宽的两倍,但在载频点没有离散载频,这是由于 0 相位和 π 相位载波概率相等。

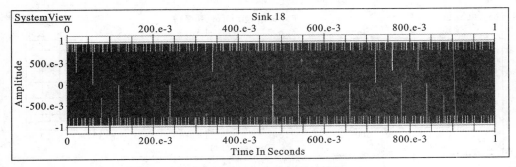

图 1-160　2PSK 信号时域波形图

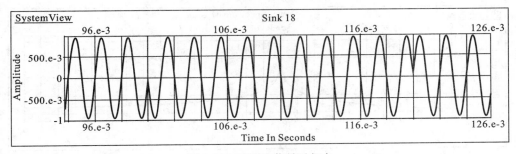

图 1-161　2PSK 信号反相点

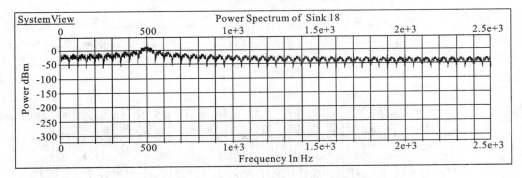

图 1-162　2PSK 信号功率谱密度图

3）本地载波提取过程分析

由于载频点没有离散谱线，所以不能如 2ASK 和 2FSK 系统那样简单用一个窄带滤波器恢复本地载波，必须对接收信号进行非线性处理。如图 1-157 所示，首先通过模块 13 对接收信号进行平方，通过观察到模块 19 可以观察到平方后的信号波形，其功率谱密度图如图 1-163 所示。

由图 1-163 可见，平方后信号功率分布在 0 频和载频的倍频附近，出现了 1 000 Hz 的离散谱线，因此通过窄带滤波器 12 可以得到 1 000 Hz 的单频正弦波，通过观察模块 20 可以观察到恢复的 1 000 Hz 单频正弦波，其功率谱密度图如图 1-164 所示。

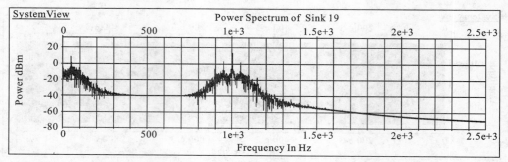

图 1-163　对接收信号平方后的信号功率谱密度图

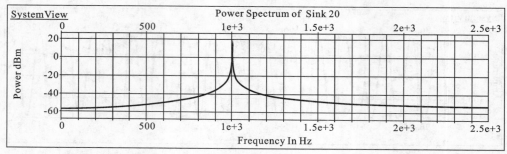

图 1-164　恢复的 1 000 Hz 单频正弦波功率谱密度图

　　由图 1-164 可见,功率分布在 1 000 Hz 频点,效果很好。通过分频器 14 对此信号进行分频,就可得到 500 Hz 信号,通过观察模块 21 可以观察到该信号,如图 1-165 所示。

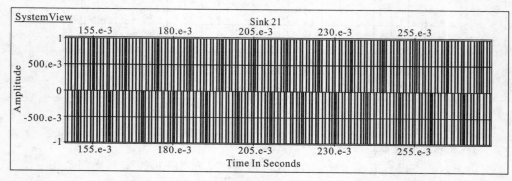

图 1-165　1 000 Hz 单频正弦波分频后的时域波形图

　　由图 1-165 可见,该信号是方波信号,用滤波器 15 对其进行窄带滤波,就可得到 500 Hz 单频正弦波,通过观察模块 22 可以看到该信号,如图 1-166 所示,其功率谱密度图如图 1-167 所示。

　　由功率谱图可知,得到的载波分布在载频点,频率单一,符合要求。

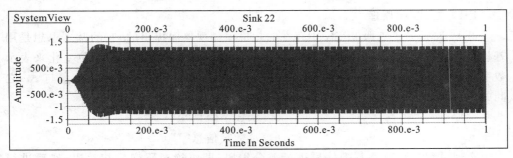

图 1-166　恢复的本地载波时域波形图

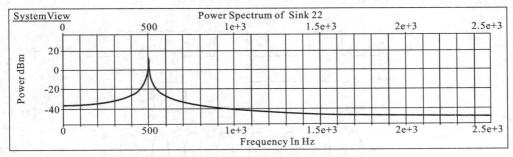

图 1-167　恢复的本地载波功率谱密度图

5）解调过程分析

采用相乘低通的解调方式，通过观察模块 23，可以观察到对应数字基带信号的模拟信号，如图 1-168 所示。

以上信号经过抽样判决后就得到最终恢复信号，如图 1-159 所示。

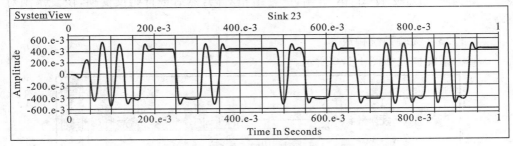

图 1-168　恢复的对应数字基带信号的模拟信号时域波形图

1.17　二进制数字差分移相键控(2DPSK)实验

1.17.1　实验目的

本实验的目的是通过在课堂上仿真，直观地说明二进制数字差分移相键控的产生、解调过程及已调信号特性。

1.17.2 实验原理

2DPSK 是为了克服 2PSK 中存在的相位模糊现象而提出的,它的基本思想是用基带码元去控制相邻载波的相位差,即用前后相邻码元的载波相对相位变化来表示数字信息。假设前后相邻码元的载波相位差为 $\Delta\varphi$,则可定义一种数字信息与 $\Delta\varphi$ 之间的关系为:

$$\Delta\varphi = \begin{cases} 0 & \text{(表示数字信息"0")} \\ \pi & \text{(表示数字信息"1")} \end{cases}$$

实现过程是将数字基带信号进行差分编码,即将绝对码变成相对码,然后进行 2PSK 调制,如图 1-169 所示。

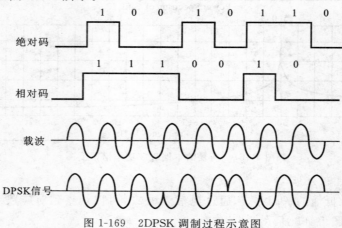

图 1-169 2DPSK 调制过程示意图

解调时,首先进行 2PSK 解调,恢复出相对码,然后进行码反变换,恢复出绝对码。

1.17.3 实验系统构成

实验系统构成如图 1-170 所示。

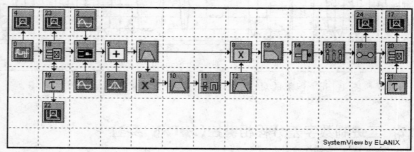

图 1-170 二进制数字差分移相键控仿真实验系统图

设计思想:模块 0 产生二进制数字基带波形作为输入信号,即绝对码;模块 18 将自身输出的相对码延迟一个码元,与输入的绝对码进行异或,编出下一个相对码;相对码送入 2PSK 系统,模块 16 恢复出相对码。相对码经过延迟器 21 延迟一个码元后,与模块 16 输出的相对码进行异或,恢复出绝对码。

1.17.4 系统模块及参数设置

按照模块编号说明如下:

模块 0:随机序列产生器,产生 50 Hz 单极性脉冲。参数设置:Amplitude(V)为 0.5,Rate(Hz)为 50,No. Levels 为 2,Offset(V)为 0.5,Phase(deg)为 0。

模块 19,21:延迟器,延迟时间为 0.02 s,即一个码元长度。参数设置:Delay Type 选择 Non-Interpolating,Delay(sec)为 0.02。

其余模块的设置与 2PSK 中相应功能的模块相同。

系统时钟设置:Sample Rate(Hz)为 5 000,Stop Time(sec)为 1。

1.17.5 实验结果分析

1)输入输出信号对比

通过显示模块 4,可以观察到输入的二进制数字波形,如图 1-171 所示。

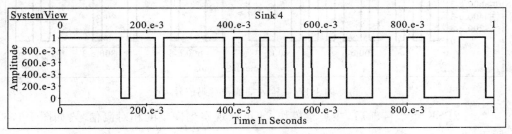

图 1-171 输入的二进制波形时域图

通过显示模块 17,可以观察到输出端最终恢复的波形,如图 1-172 所示。

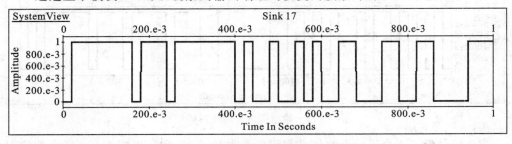

图 1-172 输出端恢复信号时域波形图

对比以上两图可知,接收端很好地恢复出了输入信号,系统设计正确,工作正常。

2)差分编码与反编码过程分析

通过显示模块 22,可以观察到延迟一个码元的相对码信号,如图 1-173 所示。

图 1-173 信号与图 1-171 信号相异或,得到相对码信号,由显示模块 23 可以观察相对码信号,如图 1-174 所示。

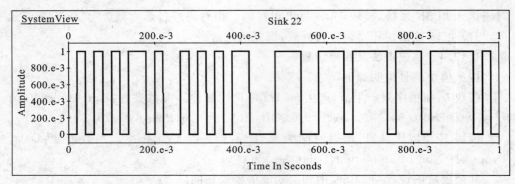

图 1-173　被延迟一个码元的相对码信号

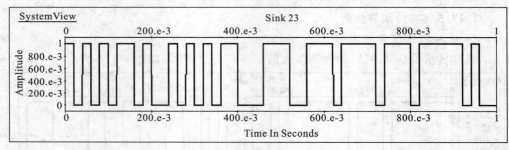

图 1-174　输入端的相对码信号

经 2PSK 系统传输后，在观察模块 24 可以观察到恢复的相对码信号，如图 1-175 所示。

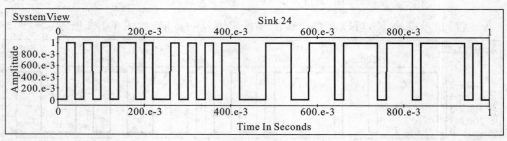

图 1-175　输出端恢复的相对码信号

该信号延迟一个码元后的信号与该信号做异或，即恢复出图 1-172 所示的绝对码波形。

3）2DPSK 信号特性分析

通过显示模块 25，可以观察到 2DPSK 信号，时域波形如图 1-176 所示，其功率谱密度图如图 1-177 所示。

由图 1-177 可见，2DPSK 信号功率特性与 2PSK 信号一样，带宽为两倍基带信号带宽，载频点没有离散的谱线。

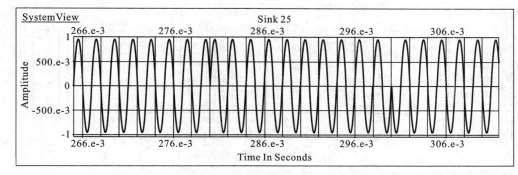

图 1-176 2DPSK 信号局部放大图

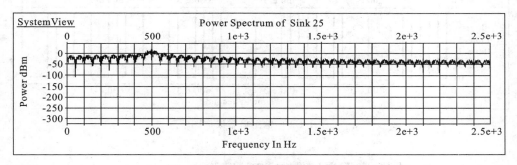

图 1-177 2DPSK 信号功率谱密度图

4）2DPSK 系统抗相位 180°模糊特性测试

将恢复的载波相位改变 180°，在载波同步系统中加非门，如图 1-178 所示。

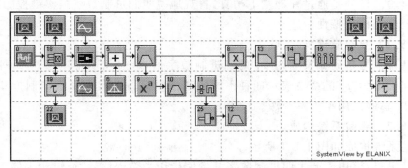

图 1-178 在载波同步系统中引入非门后的系统图

运行该系统，显示模块 4 显示的输入信号如图 1-179 所示，显示模块 17 显示的输出信号如图 1-180 所示。

对比图 1-179 和图 1-180 可见，系统正确恢复出了输出信号，说明 2DPSK 信号拥有抗180°相位模糊的能力。

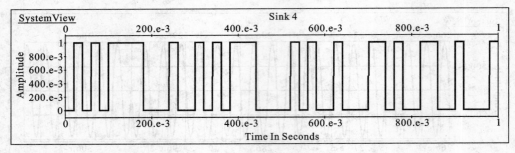

图 1-179　输入信号波形图

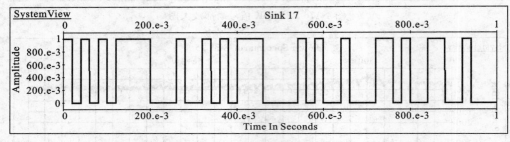

图 1-180　输出信号波形图

1.18　四进制数字振幅键控(4ASK)实验

1.18.1　实验目的

本实验的目的是通过在课堂上仿真,直观地说明四进制数字振幅键控的产生、解调过程及已调信号特性。

1.18.2　实验原理

设基带信号是码元长度为 T_s 的四进制数字信号。4ASK 信号是用四种不同振幅的时间长度为 T_s 的载波表示四种不同的基带码元。本实验系统调制方式采用模拟相乘法,解调采用相干解调法。

1.18.3　实验系统构成

实验系统构成如图 1-181 所示。

设计思想:模块 1 产生四进制数字基带信号作为输入信号,通过相乘器 3 对单频载波进行调制,接收端模块 7,18,9 对接收到的已调信号进行相干解调,恢复出模拟基带信号,然后处理恢复出数字基带信号。

1.18.4　系统模块及参数设置

按照模块编号说明如下:

模块 1:随机序列产生器,产生 50 Hz 四进制数字波形,电平分别为 0,1,2,3 V。

参数设置:Amplitude(V)为 1.5,Rate(Hz)为 50,No. Levels 为 4,Offset(V)为 1.5,

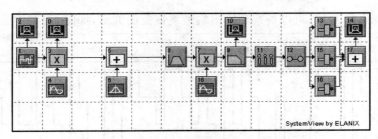

图 1-181　四进制振幅键控仿真实验系统图

Phase(deg)为 0。

模块 4,18:正弦波发生器,产生 500 Hz 正弦波作为载波。参数设置:Amplitude (V)为 1,Frequency(Hz)为 500,Phase(deg)为 0。

模块 8:带通滤波器,通频带为 430～570 Hz。参数设置:BP Filter Order 为 3, Low Cuttoff(Hz)为 430,Hi Cuttoff(Hz)为 570。

模块 9:低通滤波器,截止频率为 65 Hz。参数设置:No. of Poles 为 3,Low Cuttoff(Hz)为 65。

模块 11:采样器。参数设置:Sample Rates(Hz)为 50,Apertuer(sec)为 0,Jitter (Hz)为 0。

模块 13:非门,对采样保持后的信号进行判决,以判决出高度为 3 V 的码元。参数设置:Threshold 为 1.2,True Output 为 0,False Output 为 1。

模块 15:非门,判读出高度为 2 V 的码元。参数设置:Threshold 为 0.8,True Output 为 0,False Output 为 1。

模块 16:非门,判读出高度为 1 V 的码元。参数设置:Threshold 为 0.3,True Output 为 0,False Output 为 1。

系统时钟设置:Sample Rate(Hz)为 5 000,Stop Time(sec)为 1。

1.18.5　实验结果分析

1) 输入输出信号对比

通过显示模块 2,可以观察到输入的四进制数字波形,如图 1-182 所示。

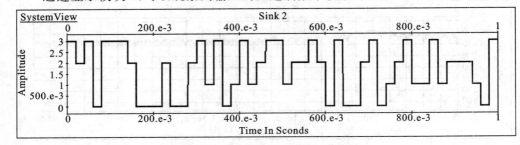

图 1-182　输入的四进制数字波形图

通过显示模块 14，可以观察到输出端最终恢复的波形，如图 1-183 所示。

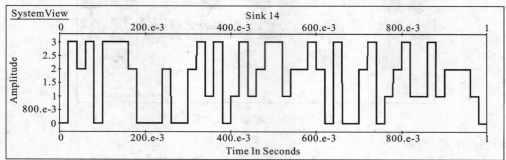

图 1-183　输出端恢复信号时域波形图

对比以上两图可知，接收端很好地恢复出了输入信号，系统设计正确，工作正常。

2）4ASK 信号分析

通过显示模块 0，可以观察到 4ASK 信号，如图 1-184 所示。

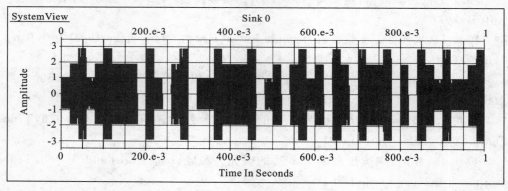

图 1-184　4ASK 信号

由图 1-184 可见，四种振幅的正弦波用于表达四种不同的基带码元，其功率谱密度图如图 1-185 所示，基带信号功率谱密度图如图 1-186 所示。

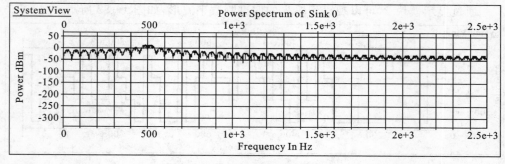

图 1-185　4ASK 功率谱密度图

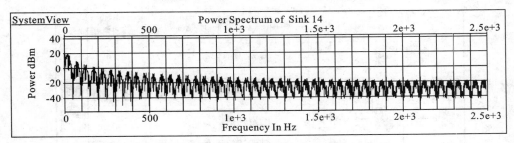

图 1-186　基带信号功率谱密度图

由图 1-186 可见,基带信号的功率主要集中在 0～50 Hz,有直流分量;由图1-185可见,已调信号功率主要集中的 450～550 Hz,在载频点有离散谱线。

1.19　四进制数字移频键控(4FSK)实验

1.19.1　实验目的

本实验的目的是通过在课堂上仿真,直观地说明四进制数字移频键控的产生、解调过程及已调信号特性。

1.19.2　实验原理

设基带信号是码元长度为 T_s 的四进制数字信号。4FSK 信号是用四种不同频率的时间长度为 T_s 的载波表示四种不同的基带码元。本实验系统调制方式采用键控法,解调采用分路相干解调法。

1.19.3　实验系统构成

实验系统构成如图 1-187 所示。

设计思想:模块 1 产生四进制数字基带信号作为输入信号,通过选择器 31 对四个不同频率的单频载波进行选择输出,实现 4FSK 调制;解调时,通过滤波器 7,8,9,10 对四种频率的载波实现分路,然后分别进行相干解调,分别恢复出 0,1,2,3 V 的电平,最后合成,恢复出输入信号。

1.19.4　系统模块及参数设置

按照模块编号说明如下:

模块 1:随机序列产生器,产生 50 Hz 四进制数字波形,电平分别为 0,1,2,3 V。参数设置:Amplitude(V)为 1.5,Rate(Hz)为 50,No. Levels 为 4,Offset(V)为 1.5,Phase(deg)为 0。

模块 31:多路选择开关。参数设置:Min Ctrl Input(V)为 0,Max Ctrl Input(V)为 3。

模块 32,33,34,35:正弦波发生器。参数设置:Amplitude(V)为 1,Frequency(Hz)分别设为 200,400,600,800,Phase(deg)为 0。它能产生 200,400,600,800 Hz

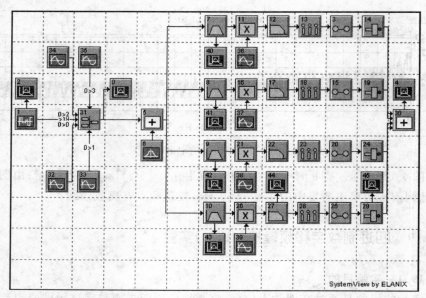

图 1-187　四进制移频键控仿真实验系统图

正弦波作为载波。

模块 7,8,9,10:带通滤波器,通频带为 130～270 Hz,330～470 Hz,530～670 Hz,730～870 Hz,目的是对四种频率的载波进行分路。

模块 36,37,38,39:正弦波发生器。参数设置:Amplitude(V)为 1,Frequency(Hz)分别设为 200,400,600,800,Phase(deg)为 0。它能产生 200,400,600,800 Hz 正弦波作为本地载波,对接收信号进行相干解调。

模块 12,17,22,27:低通滤波器。参数设置:No. of Poles 为 3,Low Cuttoff(Hz)为 60。

模块 13,18,23,28:采样器。参数设置:Sample Rates(Hz)为 50,Apertuer(sec)为 0,Jitter(Hz)为 0。

模块 14:非门,功能是恢复数字基带码元中的 0 码。参数设置:Threshold 为 0,True Output 为 0,False Output 为 0。

模块 19:非门,功能是恢复数字基带码元中的 1 码。参数设置:Threshold 为 0.3,True Output 为 0,False Output 为 1。

模块 24:非门,判读出高度为 2 V 的码元。参数设置:Threshold 为 0,True Output 为 0,False Output 为 2。

模块 29:非门,判读出高度为 3 V 的码元。参数设置:Threshold 为 0,True Output 为 0,False Output 为 3。

系统时钟设置:Sample Rate(Hz)为 5 000,Stop Time(sec)为 1。

1.19.5 实验结果分析

1）输入输出信号对比

通过显示模块2,可以观察到输入的四进制波形,如图1-188所示。

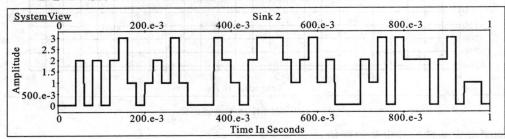

图1-188 输入的四进制波形时域图

通过显示模块4,可以观察到输出端最终恢复的波形,如图1-189所示。

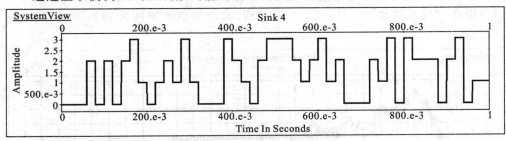

图1-189 输出端恢复波形图

对比以上两图可知,接收端很好地恢复出了输入信号,系统设计正确,工作正常。

2）4FSK信号分析

通过显示模块0,可以观察4FSK信号,如图1-190所示。

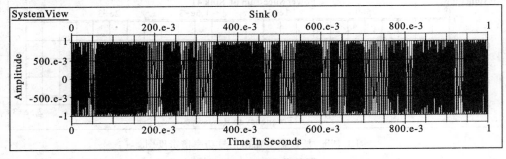

图1-190 4FSK信号图

由图1-190可见,四种频率的载波用于表达四种不同的基带码元,其功率谱密度图如图1-191所示。

由图1-191可见,已调信号功率谱是四峰频谱,每个载频点有离散谱线,每个峰

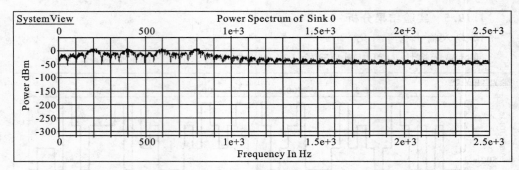

图 1-191　4FSK 功率谱密度图

的宽度为基带信号带宽的两倍。

3）解调过程分析

解调时，首先经过带通滤波器 7，8，9，10 实现四种载频的分路，分路后的信号可以分别通过观察模块 40，41，42，43 观察到，其功率谱密度图分别如图 1-192～图 1-195所示。

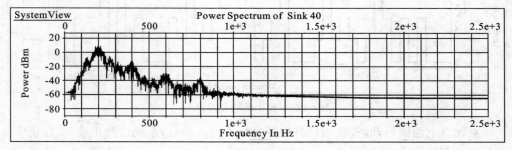

图 1-192　滤波器 7 输出信号功率谱密度图

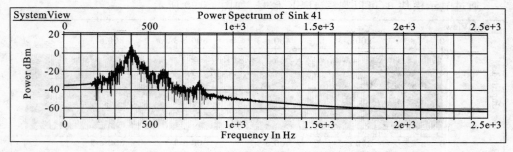

图 1-193　滤波器 8 输出信号功率谱密度图

由图 1-192～图 1-195 可以看出，四个滤波器分别取出了 4FSK 频谱四个峰之一；也可以清楚地看出，4FSK 信号相当于四个 ASK 信号的叠加。

四路信号分别进行解调，下面以滤波器 10 输出信号解调过程为例说明解调过程。

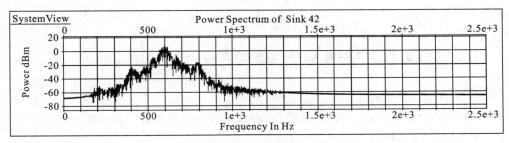

图 1-194　滤波器 9 输出信号功率谱密度图

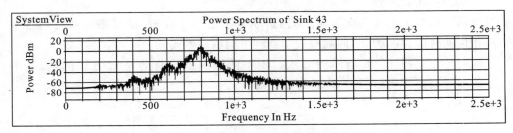

图 1-195　滤波器 10 输出信号功率谱密度图

通过相干解调,在显示模块 44 可以观察到模拟基带信号,如图 1-196 所示。这是数字基带信号中电平为 3 V 的码元对应的基带波形。通过采样、保持和判决,恢复出 3 V 电平,在显示模块 45 可以观察到判决之后的波形,如图 1-197 所示。

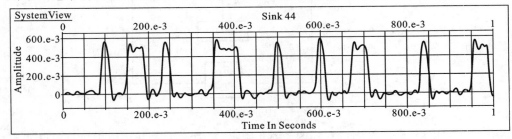

图 1-196　滤波器 27 输出信号波形图

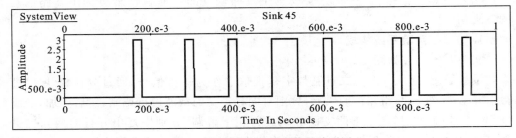

图 1-197　非门 29 输出信号波形图

由图 1-197 可见,成功恢复出了 3 V 电平的码元。同理,其他三路分别恢复出了

2 V,1 V 和 0 V 码元。

1.20 四进制数字移相键控(4PSK)实验

1.20.1 实验目的

本实验的目的是通过在课堂上仿真,直观地说明四进制数字移相键控的产生、解调过程及已调信号特性。

1.20.2 实验原理

设基带信号是码元长度为 T_s 的四进制数字信号。4PSK 信号是用四种同频率不同相位的时间长度为 T_s 的载波表示四种不同的基带码元。

调制采用如图 1-198 所示的方式。图中的调制器进行的是 B 方式调制,其中 $A(t)$ 为二进制数字基带信号,$S(t)$ 为已调信号。

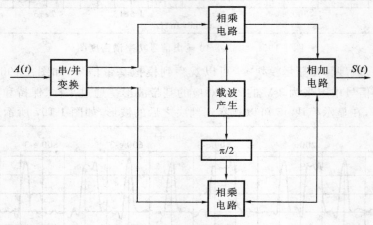

图 1-198 4PSK 调制原理图

解调采用极性比较法解调,如图 1-199 所示,其中 $S(t)$ 为从信道中接收的已调信号,$A(t)$ 为恢复出的数字基带信号,a 为上支路恢复的二进制码元,b 为下支路恢复的二进制码元。

1.20.3 实验系统构成

实验系统构成如图 1-200 所示。

设计思想:模块 0 产生二进制数字基带信号作为输入信号,通过分接模块 1,进行串并变换,变成两路并行的码元,分别对同频正交的载波进行调制,然后相加,形成 4PSK 信号;解调时,上、下两支路分别进行相干解调,分别恢复出并行的两路二进制信号,然后通过复接器 21 进行复接,恢复出模块 0 发送的二进制信号。

1.20.4 系统模块及参数设置

按照模块编号说明如下:

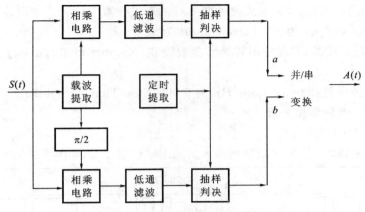

图 1-199 4PSK 解调原理图

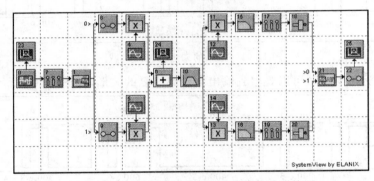

图 1-200 四进制数字移相键控仿真实验系统图

模块 0:随机序列产生器,产生 50 Hz 双极性二进制波形。参数设置:Amplitude (V)为 1,Rate(Hz)为 50,No. Levels 为 2,Offset(V)为 0,Phase(deg)为 0。

模块 7:采样器。参数设置:Sample Rates(Hz)为 50,Apertuer(sec)为 0,Jitter (Hz)为 0。

模块 1:分接器,实现串并转换。参数设置:Number of Outputs 为 2,Time per Output(sec)为 0.04。

模块 4,5,12,14:正弦波发生器,产生 500 Hz 正弦波,其中 4 和 12 连接相乘器时选择 1,5 和 14 连接相乘器时选择 0,分别为正弦波和余弦波。

模块 10:带通滤波器,通频带为 470~530 Hz。参数设置:BP Filter Order 为 3, Low Cuttoff(Hz)为 470,Hi Cuttoff(Hz)为 530。

模块 15,16:低通滤波器,截止频率为 30 Hz(分路后频率减半)。参数设置:No. of Poles 为 3,Low Cuttoff(Hz)为 30。

模块 17,19:采样器,采样频率为 25 Hz(分路后频率减半)。参数设置:Sample Rates(Hz)为 25,Apertuer(sec)为 0,Jitter(Hz)为 0。

模块 18,20:非门,功能是恢复两路并行的双极性数字码元。参数设置:Threshold 为 0,True Output 为 -1,False Output 为 1。

模块 21:复接器,实现并串转换。参数设置:Number of Iutputs 为 2,Time per Iutput(sec)为 0.04。

系统时钟设置:Sample Rate(Hz)为 5 000,Stop Time(sec)为 1。

1.20.5　实验结果分析

1) 输入输出信号对比

通过显示模块 23,可以观察到输入的二进制数字波形,如图 1-201 所示。

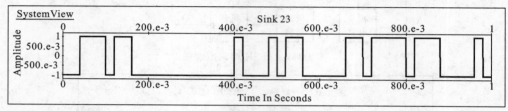

图 1-201　输入的二进制波形时域图

通过显示模块 25,可以观察到输出端最终恢复的波形,如图 1-202 所示。

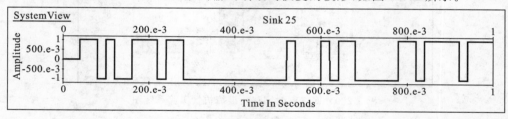

图 1-202　输出端恢复信号波形图

对比以上两图可知,接收端很好地恢复出了输入信号,系统设计正确,工作正常。

2) 4PSK 信号分析

通过显示模块 24,可以观察到 4PSK 信号,如图 1-203 所示。

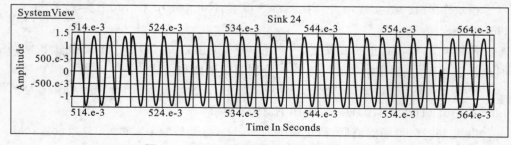

图 1-203　4PSK 信号时域波形图(局部放大)

由图 1-203 可以观察到相位跳变点,其功率谱密度图如图 1-204 所示。

由图 1-204 可见,已调信号功率主要集中在 475～525 Hz 范围内,是基带信号换

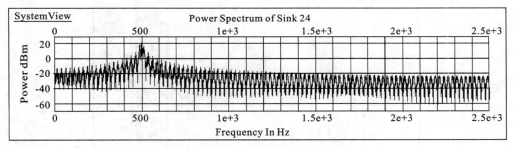

图 1-204　4PSK 功率谱密度图

算成四进制所占带宽的两倍,载频点没有离散谱线。

1.21　16QAM 实验

1.21.1　实验目的

本实验的目的是通过在课堂上仿真,直观地说明 16QAM 的产生、解调过程及已调信号特性。

1.21.2　实验原理

16QAM 是振幅相位联合键控,本实验采用的调制解调原理如图 1-205 所示。图中,$m_1(t)$ 和 $m_2(t)$ 均为四进制数字信号波形。

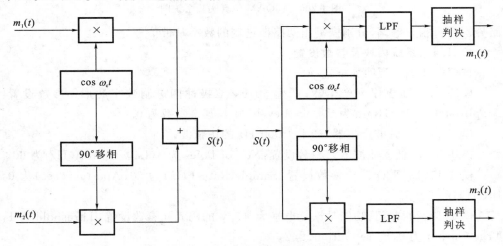

图 1-205　16QAM 调制解调原理图

1.21.3　实验系统构成

实验系统构成如图 1-206 所示。

设计思想:模块 0 和 6 产生四进制数字基带信号作为输入信号,通过相乘器 1 和 7 分别对同频正交的载波进行调制,然后相加,形成 16QAM 信号;解调时,上下两支

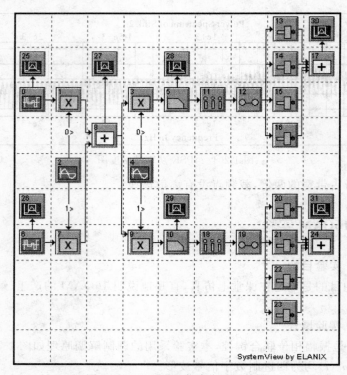

图 1-206　16QAM 仿真实验系统图

路分别进行相干解调,分别恢复出两路四进制的数字基带信号。

1.21.4　系统模块及参数设置

按照模块编号说明如下:

模块 0,6:随机序列产生器,产生 50 Hz 双极性四进制数字波形。参数设置:Amplitude(V)为 3,Rate 为 50,No. Levels 为 4,其余参数为 0。

模块 2,4:正弦波产生器,产生 1 000 Hz 的正弦波。

模块 5,10:低通滤波器。参数设置:No. of Poles 为 3,Low Cuttoff(Hz)为 60。

模块 11,18:采样器。参数设置:Sample Rates(Hz)为 50,Apertuer(sec)为 0,Jitter(Hz)为 0。

模块 13,20:非门,功能是恢复电平为+3 V 的码元。参数设置:Threshold 为 1,True Output 为 0,False Output 为 2。

模块 14,21:非门,功能是恢复电平为+1 V 的码元。参数设置:Threshold 为 0.3,True Output 为 0,False Output 为 1。

模块 15,22:非门,功能是恢复电平为−1 V 的码元。参数设置:Threshold 为 −0.3,True Output 为−1,False Output 为 0。

模块 16,23:非门,功能是恢复电平为−3 V 的码元。参数设置:Threshold 为

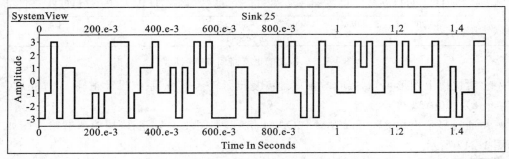

－1,True Output 为－2,False Output 为 0。

系统时钟设置:Sample Rate(Hz)为 20 000,Stop Time(sec)为 1.5。

1.21.5 实验结果分析

1)输入输出信号对比

通过显示模块 25,可以观察到上支路输入的四进制数字波形,如图 1-207 所示。通过显示模块 30,可以观察到恢复的上支路四进制波形,如图 1-208 所示。

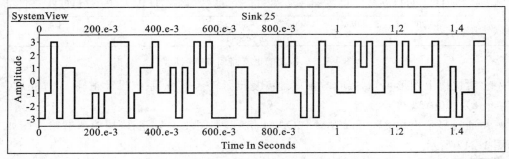

图 1-207 上支路输入的四进制数字波形图

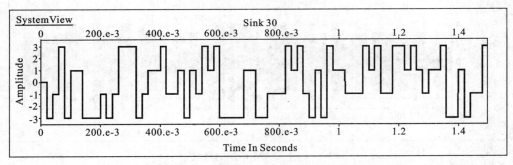

图 1-208 恢复的上支路四进制波形图

通过显示模块 26,可以观察到下支路输入的四进制数字波形,如图 1-209 所示。通过显示模块 31,可以观察到恢复的下支路四进制波形,如图 1-210 所示。

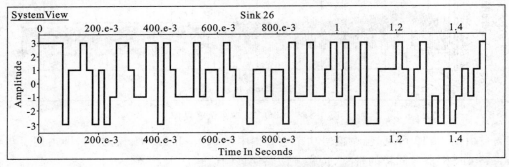

图 1-209 下支路输入的四进制数字波形图

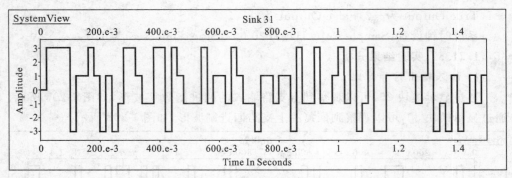

图 1-210　恢复的下支路四进制波形图

对比以上图形可知,接收端很好地恢复出了输入信号,系统设计正确,工作正常。

2) 16QAM 信号分析

通过显示模块 27,可以观察 16QAM 信号,如图 1-211 所示,其功率谱密度图如图 1-212 所示。

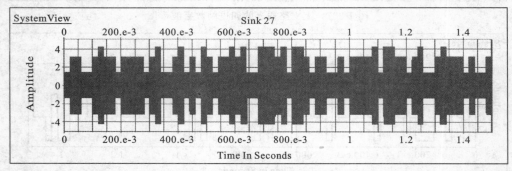

图 1-211　16QAM 信号时域波形图

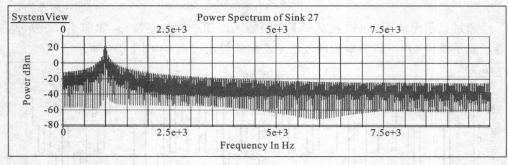

图 1-212　16QAM 功率谱密度图

由图 1-212 可见,已调信号功率主要集中在 950～1 050 Hz 范围内,即占用了与一路 4PSK 信号同样的带宽,传输了两路四进制信号。

通过观察模块 28 和 29,绘制 16QAM 信号的星座图,如图 1-213 所示。

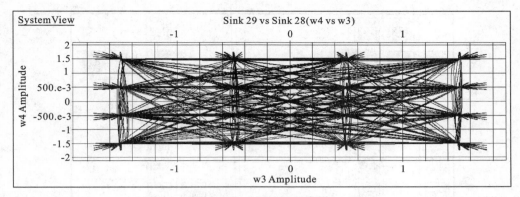

图 1-213　16QAM 星座图

从图 1-213 中可以清楚地看出 16 个信号点。

1.22　PCM 编码实验

1.22.1　实验目的
本实验的目的是通过在课堂上仿真,直观地说明 PCM 编码和译码过程。

1.22.2　实验原理
PCM 编码过程如图 1-214 所示。

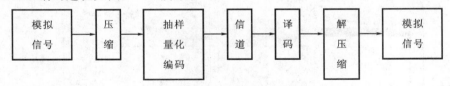

图 1-214　PCM 编译码过程原理图

1.22.3　实验系统构成
实验系统构成如图 1-215 所示。

设计思想:低通滤波器模块 1 对噪声模块 0 产生的噪声进行滤波,生成输入系统的模拟信号,模块 2 对模拟信号进行压缩,模块 3 对压缩后的信号进行采样、量化和编码,模块 6 将并行的编码转换成串行信号;在接收端,模块 11 和 16 完成串并转换,模块 13 恢复量化信号,模块 5 对量化信号进行解压缩,恢复出原始信号。

1.22.4　系统模块及参数设置
按照模块编号说明如下:

模块 0:随机噪声产生器。参数设置:Constant Parameter 项选 Std Deviation,Std Deviation(V)为 1,Mean(V)为 0。

模块 1:低通滤波器。参数设置:No. of Poles 为 3,Low Cuttoff(Hz)为 10。

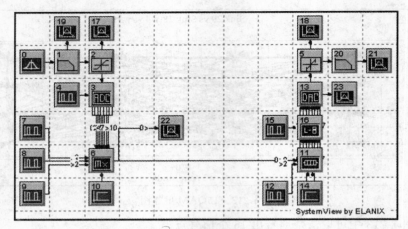

图 1-215　PCM 仿真实验系统图

模块 2：压缩器。设置参数时选择 A-Law，Max Input 设为 1。

模块 3：A/D 转换器，完成抽样量化编码。参数设置如图 1-216 所示。

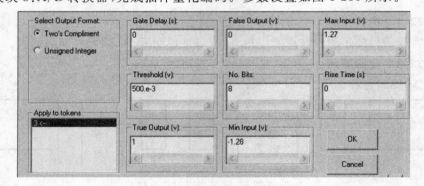

图 1-216　A/D 转换器参数设置图

模块 4：时钟信号产生器，产生抽样脉冲。参数设置：Amplitude 为 1，Frequency 为 50，Pulse Width 为 0.000 5，其余参数为 0。

模块 6：8 位数据选择器。参数设置：Threshold 为 0.5，True Output 为 1，其余为 0。

模块 7：时钟信号产生器。参数设置：Amplitude 为 1，Frequency 为 200，Pulse Width 为 0.000 25，其余参数为 0。

模块 8：时钟信号产生器。参数设置：Amplitude 为 1，Frequency 为 100，Pulse Width 为 0.000 5，其余参数为 0。

模块 9：时钟信号产生器。参数设置：Amplitude 为 1，Frequency 为 50，Pulse Width 为 0.001，其余参数为 0。

模块 10：阶跃信号产生器。参数设置：Amplitude 为 0，Start Time 为 0，Offset

为 0。

模块 11:8 位移位寄存器。参数设置:Threshold 为 0.5,True Output 为 1,其余为 0。

模块 12:时钟信号产生器。参数设置:Amplitude 为 1,Frequency 为 400,Pulse Width 为 0.001 25,其余参数为 0。

模块 14:阶跃信号产生器。参数设置:Amplitude 为 1,Start Time 为 0,Offset 为 0。

模块 15:时钟信号产生器。参数设置:Amplitude 为 1,Frequency 为 25,Pulse Width 为 0.000 1,其余参数为 0。

模块 16:8 位锁存器。参数设置:Threshold 为 0.5,True Output 为 1,其余为 0。

模块 13:数模转换器。参数设置如图 1-217 所示。

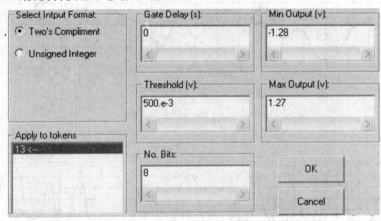

图 1-217 D/A 转换器参数设置图

模块 5:扩张器。参数设置同压缩器。

模块 20:低通滤波器。参数设置:No. of Poles 为 3,Low Cuttoff(Hz)为 13。

系统时钟设置:Sample Rate(Hz)为 10 000,Stop Time(sec)为 1。

1.22.5 实验结果分析

1) 输入输出信号对比

通过显示模块 19,可以观察到输入系统的模拟信号波形,如图 1-218 所示。通过显示模块 21,可以观察到恢复的模拟信号波形,如图 1-219 所示。

对比以上两图可知,接收端很好地恢复出了输入信号,系统设计正确,工作正常。

2) 编译码过程分析

通过显示模块 17,可以观察到输入的模拟信号压缩后的波形,如图 1-220 所示。

通过显示模块 22,可以观察到 PCM 编码,如图 1-221 所示。

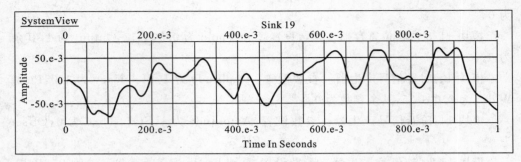

图 1-218　输入信号波形图

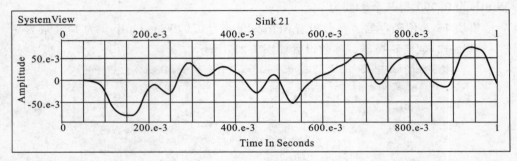

图 1-219　输出信号波形图

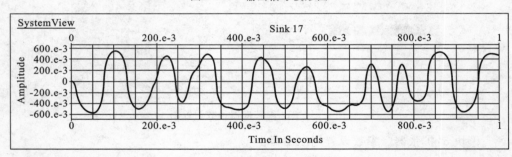

图 1-220　压缩后的模拟信号波形图

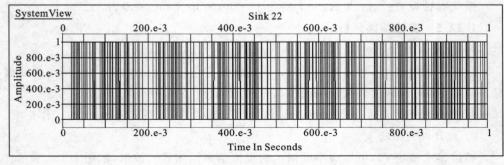

图 1-221　PCM 编码图

通过显示模块 23,可以观察到恢复的解压缩前的量化信号,如图 1-222 所示。

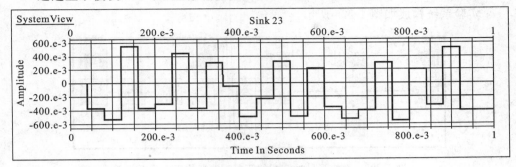

图 1-222　接收端恢复的量化信号

通过显示模块 18,可以观察到解压缩后的量化信号,如图 1-223 所示。

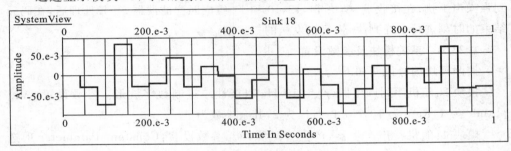

图 1-223　解压缩后的量化信号

通过低通滤波器对信号进行平滑处理,恢复出了最终的模拟信号。

1.23　矩形脉冲的匹配滤波器实验

1.23.1　实验目的

本实验的目的是通过在课堂上仿真,直观地说明匹配滤波器的构造和作用过程。

1.23.2　实验原理

对矩形脉冲匹配的匹配滤波器如图 1-224 所示。

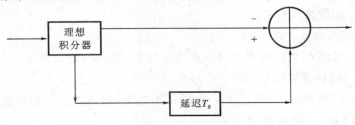

图 1-224　对矩形脉冲匹配的匹配滤波器原理图

1.23.3　实验系统构成

实验系统构成如图 1-225 所示。

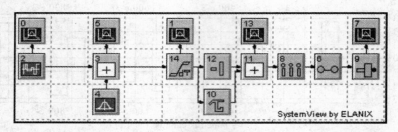

图 1-225　对矩形脉冲匹配的匹配滤波器仿真实验系统图

设计思想：模块 2 产生双极性二进制数字波形作为系统的输入信号，在信号中受到强噪声干扰；在接收端，模块 14,12,10 和 11 组成匹配滤波器，经其处理后，在码元结束的时刻进行采样判决，恢复出发送的二进制信号。

1.23.4　系统模块及参数设置

按照模块编号说明如下：

模块 2：随机序列产生器，产生 10 Hz 双极性二进制数字波形。参数设置：Amplitude 为 1，Rate 为 10，No. Levels 为 2，其余参数为 0。

模块 4：随机噪声产生器，产生 4 V 噪声。参数设置：Constant Parameter 项选 Std Deviation，Std Deviation(V) 为 4，Mean(V) 为 0。

模块 14：理想积分器。参数设置：选 Zero Order 项，Initial Condition 设置为 0。

模块 10：延迟器。参数设置：Delay Type 选择 Non-Interpolating，Delay(sec) 为 0.1。

模块 8：采样器，采样频率设置为 10 Hz。参数设置：Sample Rates(Hz) 为 10，Apertuer(sec) 为 0，Jitter(Hz) 为 0。

模块 9：非门，起判决作用。参数设置：Threshold 为 0，True Output 为 1，False Output 为 0。

系统时钟设置：Sample Rate(Hz) 为 1 000，Stop Time(sec) 为 10。

1.23.5　实验结果分析

1）输入输出信号对比

通过显示模块 0，可以观察到输入系统的数字信号波形，如图 1-226 所示。通过显示模块 7，可以观察到恢复的数字信号波形，如图 1-227 所示。

对比以上两图可知，在高达 4 V 的噪声干扰下，接收端很好地恢复出了输入信号，系统设计正确，工作正常。

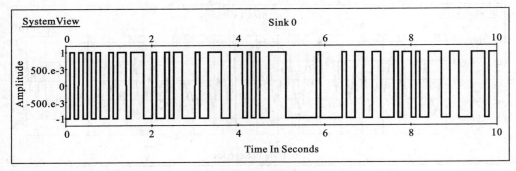

图 1-226 输入信号波形图

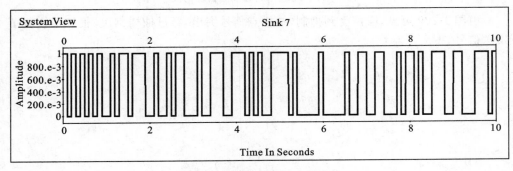

图 1-227 输出信号波形图

2) 匹配滤波器工作过程分析

通过显示模块 5,可以观察到输入匹配滤波器受到噪声干扰的波形,如图1-228所示。

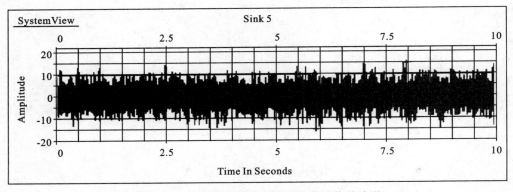

图 1-228 输入匹配滤波器受到噪声干扰的波形

由图 1-228 可见,信号完全淹没在噪声之中。

通过显示模块 13,可以观察到从匹配滤波器输出的波形,如图1-229 所示。

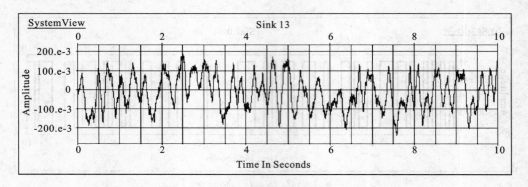

图 1-229　经过匹配滤波器处理的波形

　　由图 1-229 可见,噪声受到抑制,抽样点信号突出,经过抽样判决,很好地恢复了发送信号。

第2章 硬件验证实验

Chapter 2

2.1 HDB3 码型变换实验

2.1.1 实验目的

通过本实验,学生应达到以下要求:

(1)了解二进制单极性码变换为 HDB3 码的编码规则,掌握其工作原理和实现方法。

(2)通过测试电路,熟悉并掌握分析电路的一般规律与方法,掌握分析电路的工作原理,并能画出关键部位的工作波形。

(3)了解关于分层数字接口脉冲的国际规定,掌握严格按照技术指标研制电路的实验方法。

2.1.2 实验内容

(1)调测 HDB3 编、译码电路。

(2)调测位定时提取电路及信码再生电路。各部分的输出信号应达到技术指标的要求,同时做到编、解码无误。

(3)利用频谱仪研究经 HDB3 编码后的频谱特性(条件允许的前提下)。

2.1.3 实验原理

在数字通信系统中,有时不经过数字基带信号与信道信号之间的变换,只由终端设备进行信息与数字基带信号之间的变换,然后直接传输数字基带信号。数字基带信号的形式有许多种,在基带传输中经常采用 AMI 码(传号交替反转码)和 HDB3 码(三阶高密度双极性码)。

1)传输码型

在数字复用设备中,内部电路多为一端接地,输出的信码一般为单极性不归零信码。当这种码在电缆上长距离转输时,为了防止引进干扰信号,电缆的两根线都不能接地(即对地是平衡的),这就需要选用一种适合线路上传输的码型。通常考虑以下几点:

(1)在选用的码型的频谱中应没有直流分量,低频分量也应尽量少。这是因为终端机输出电路或再生中继器都是经过变压器与电缆相连接的,而变压器是不能通过直流分量和低频分量的。

　　(2)传输型的频谱中高频分量要尽量少。这是因为电缆中信号线之间的串话在高频部分更为严重,当码型频谱中高频分量较大时,就限制了信码的传输距离或传输质量。

　　(3)码型应便于再生定时电路从码流中恢复位定时。若信号中连"0"较多,则等效于一段时间没有收脉冲,恢复位定时就困难,所以应该使变换后的码型中连"0"较少。

　　(4)设备简单,码型变换容易实现。

　　(5)选用的码型应使误码率较低。双极性基带信号波形的误码率比单极性信号的低。

　　根据这些原则,在传输线路上通常采用 AMI 码和 HDB3 码。

　　2)AMI 码

　　用"0"和"1"分别代表传号和空号。AMI 码的编码规则是"0"码不变,"1"码交替地转换为"+1"和"−1"。当码序列为"1 0 0 1 0 0 1 1 1 1 0 1"时,AMI 码就变为"+1 0 0 −1 0 0 0 +1 −1 +1 −1 0 −1"。这种码型交替出现正、负极脉冲,所以没有直流分量,而且低频分量也很少。它的频谱如图 2-1 所示。AMI 码的能量集中于 $f_0/2$ 处(f_0 为码速率)。

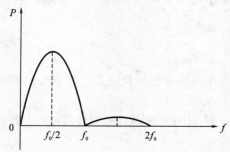

图 2-1　AMI 码的频谱示意图

　　这种码的反变换也很容易,在再生信码时,只要将信号整流,即可将"−1"翻转为"+1",恢复成单极性码。这种码未能解决信码中经常出现的长连"0"的问题。

　　3)HDB3 码及变换规则

　　这是一种四连"0"取代码。当没有四个以上连"0"码时,按 AMI 规则编码;当出现四个连"0"码时,以码型取代节"000V"或"B00V"代替四连"0"码。

　　选用取代节的原则是:用 B 脉冲来保证任意两个相连取代节的 V 脉冲间"1"的个数为奇数。B 为符合极性交替规律的传号;V 为破坏极性交替规律的传号(破坏点)。当相邻 V 脉冲间"1"码数为奇数时,就用"000V"取代;当为偶数时,就用

"B00V"取代。在 V 脉冲后面的"1"码和 B 码都依照 V 脉冲的极性而正负交替地改变。为了讨论方便,不管"0"码,而是把相邻的信码"1"和取代节中的 B 码用 B1B2⋯Bn 表示,Bn 后面为 V,选取"000V"或"B00V"来满足 Bn 的 n 为奇数。当信码中的"1"码依次出现的序列为 VB1B2B3⋯BnVB1 时,HDB3 码为＋－＋－⋯－－＋或者－＋－＋⋯＋＋－。由此可以看出,V 脉冲是可以辨认的,这是因为 Bn 和其后出现的 V 有相同的极性,破坏了相邻码交替变号原则。我们称 V 脉冲为破坏点,必要时加取代节"B00V",以保证 n 永远为奇数,使相邻两个 V 码的极性作交替变化。由此可见,在 HDB3 码中,相邻的 V 码之间或是其余的"1"码之间都符合交替变号原则,而取代码在整个码流中不符合交替变号原则。经过这样的变换,既消除了直流成分,又避免了长连"0"时位定时不易恢复的情况,同时也提供了取代信息。

图 2-2 给出了 HDB3 码的频谱。此码符合前述的对频谱的要求。

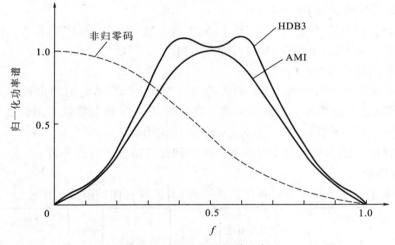

图 2-2　HDB3 码的频谱示意图

HDB3 码由于上述这些优点能较好地满足传输码型的各项要求,所以常被用于远端接口电路中。在△M 编码、PCM 编码和 ADPCM 编码等终端机中或多种复接设备中,都需要 HDB3 码型变换电路与之相配合。

4)编码部分

编码电路接收终端机来的单极性非归零信号,并把这种码变换成为 HDB3 码送往传输信道。编码部分的原理框图如图 2-3 所示。单极性信码进入本电路,首先检测有无四连"0"码。当没有四连"0"码时,信号不改变地通过本电路;当有四连"0"码时,在第四个"0"码出现时,将一个"1"码放入信号中,取代第四个"0"码。补入的"1"码称为 V 码。

(1)破坏点形成电路。

将补放的"1"码变成破坏点。方法是在取代节内第二位处再插入一个"1"码,使

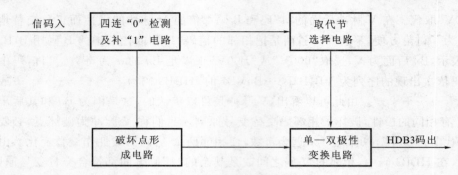

图 2-3 编码部分的原理框图

单—双极性变换电路多翻转一次,后续的 V 码就会与前面相邻的"1"码极性相同,破坏交替反转的规律,形成"破坏点"。

（2）取代节选择及补 B 码电路。

电路计算两个 V 码之间的"1"码个数,若为奇数,则用"000V"取代节;若为偶数,则将"000V"中的第一个"0"改为"1",即此时用"B00V"取代节。

（3）单—双极性变换电路。

电路中的除 2 电路对加 B 码、插入码、V 码的码序计数,它的输出控制加入了取代节的信号码流,使其按交替翻转规律分成两路,再由变压器将此两路合成双极性信号。本级还形成符合 ITU-TG.703 要求的输出波形。

信码输出为什么要经过定时选通？这个问题还请读者自己分析。

5）解码部分

解码电路完成恢复位定时再生码的功能,其原理框图如图 2-4 所示。

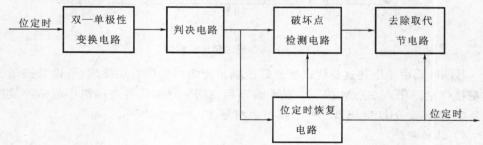

图 2-4 解码部分的原理框图

（1）双—单极性变换电路。

传输线来的 HDB3 码加入本电路,输入端与外线路匹配,经变压器将双极性脉冲分成两路单极性脉冲。

（2）判决电路。

本电路选用合适的判决电平以去除信码经信道传输之后引入的干扰信号。信码经判决电路之后成为半占空(为什么要形成半占空码?)的两路信号,相加后成为一路单极性归"0"信码,送到位定时恢复电路和信码再生电路。

(3) 破坏点检测电路。

本电路输入 B+ 和 B− 两个脉冲序列。由 HDB3 编码规则已知,在破坏点处会出现相同极性的脉冲,就是说这时 B+ 和 B− 不是依次而是连续出现的,所以可以由此测出破坏点。本电路在 V 脉冲出现的时刻有输出脉冲。

(4) 去除取代节电路。

在 V 码出现的时刻将信码流中的 V 码及其前面的第三位码置为"0",去掉取代节后再将信号整形,即可恢复原来的信码。破坏点检测与去除取代节电路一起完成信码再生功能。

(5) 位定时恢复电路。

已知随机序列的功率谱如下:

$$P_s(\omega) = 2f_s P(1-P) \mid G_1(f) - G_2(f) \mid^2 + f^2 \mid PG_1(0) +$$

$$(1-P)G_2(0) \mid^2 \delta(f) + 2f_s^2 \sum_{m=1}^{\infty} \mid PG_1(mf_s) +$$

$$(1-P)G_2(mf_s) \mid^2 \delta(f-mf_s) \tag{2-1}$$

其中,T_s 为基带脉冲宽度,$T_s = 1/f$;$g_1(t)$ 和 $g_2(t)$ 代表二进制符号的"0"和"1",它们出现的概率为 P 和 $(1-P)$。

$$G_1(f) = \int_{-\infty}^{\infty} g_1(t) e^{-j2\pi ft} dt \tag{2-2}$$

由 $P_s(\omega)$ 的表达式可见,此功率谱中包含连续谱和离散谱。若信号为双极性且两极性波形等概率出现,则 $P = 1-P$,$G_1(f) = -G_2(f)$,那么 $P_s(\omega)$ 的表达式中后两项为 0,没有离散谱存在,这对位定时恢复是不利的。因此,将信码先整流成为单极性码,再送入位定时恢复电路,用滤波法由信码提取位定时。这里给出的电路是用线性放大器做成选频放大器来选取定时频率分量的。经整流恢复出的位定时信号用于信码再生电路,使两者同步。

2.1.4　实验仪器

实验仪器见表 2-1。

表 2-1　实验仪器

名　　称	要求达到指标	数　　量
双踪同步示波器	40 MHz	1 台
直流稳压电源	+14 V,−7 V	1 台
万用表		1 台
HDB3 实验箱		1 台

2.1.5 实验方案

1) 电源检查

(1) 两组电源的接入点位置请参考电路板上的印刷文字。

(2) 使用万用表检测实验箱的各电源接入点和 GND 之间是否有短路现象,如果有,则禁止继续实验。

(3) 在实验箱中使用了 7812,7809,7805 和 7905 稳压芯片来保护实验板电子元器件。由于稳压芯片需要一定的电压差,故电路使用的 +12 V,+5 V,-5 V 的电源需要由 +14 V,-7 V 的电源通过稳压芯片提供。

(4) 用万用表(或示波器)确认两组电源的电压极性和电压值为 +14 V 和 -7 V。在确认完全无误之前不允许把实验箱和电源连接。

(5) 在连接实验箱和电源时请务必关断电源的开关。

(6) 连接电源和实验箱。

2) 实验内容

这里提供一个实际使用的 HDB3 编、解码电路,分别示于附图 1、附图 2 和附图 3。实验者要根据基本原理,分析说明电路的工作原理与各部分的功能。

为了调测电路方便,实验箱提供了一个时钟源和标准信号源电路。附图 1 包括一个主振发生器、"1000"码发生器和 32 位 PN 码序列(M-Seria)发生器。实验者可自己分析电路工作原理,画出波形,并在实验过程中与实际信号波形相比较。

(1) 时钟部分。

① 观察测量点(CLOCK)——主振分频信号。

a. 连接:

把示波器的探头接至测量点(CLOCK)。

b. 观察:

观察并记录该处信号的波形(幅度、频率、占空比)并与计算值核对。

② 观察插孔("100010001"码)——"1000"码信号。

a. 连接:

把示波器的探头接至插孔("100010001"码),调整好信号的垂直、水平挡位。

b. 观察:

观察并记录该处信号的波形(幅度、频率、占空比)并与计算值核对。

③ 观察插孔(M-CODE-OUT)——M 序列码信号。

a. 连接:

把示波器的探头接至插孔(M-CODE-OUT),调整好信号的垂直、水平挡位。

b. 观察:

观察并记录该处信号的波形(幅度、频率、占空比)并与计算值核对。

(2) 编码电路。

① 将编码输入端加入"1"码,此时 AMI 和 HDB3 编码规律相同。

a. 连接:

a) 用连接线连接插孔(M-IN)和插孔"11111"(即 VCC)。

b) 把示波器的探头接至测量点(H14)。

b. 观察:

观察并记录该处信号的波形并与计算值核对。

② 将编码输入端加入"0"码,此时按 HDB3 编码规律编码。

a. 连接:

a) 用连接线连接插孔(M-IN)和插孔"00000"(即 GND)。

b) 把示波器的探头接至测量点(H14)。

b. 观察:

观察并记录该处信号的波形并与计算值核对。

③ 将编码输入端加入"1000"码,此时 AMI 和 HDB3 编码规律相同。

a. 连接:

a) 用连接线连接插孔(M-IN)和插孔"1000"。

b) 把示波器的探头接至测量点(H14)。

b. 观察:

观察并记录该处信号的波形并与计算值核对。

④ 将编码输入端加入 M 序列码。

a. 连接:

a) 用连接线连接插孔(M-IN)和插孔(M-CODE-OUT)。

b) 把示波器的探头接至测量点(H14),调整好信号的垂直、水平挡位。

b. 观察:

观察并记录该处信号的波形并与计算值核对。

(3) 译码电路。

① 观测 HDB3 码译码过程。

a. 连接:

a) 用连接线连接插孔(M-IN)和插孔(M-CODE-OUT)、插孔(H14)(编码输出)和插孔(HDB3-IN)(译码输入)。

注意:一定要在接通电源后再连接编码输入/输出之间的连接线。如果在接通电源之前没有断开连接线,那么一定要断开一次该连线再接通,否则实验中的波形可能不正确。

b) 把双踪示波器的一路接至实验箱测量点(M-CODE-OUT),另一路接至实验箱测量点(H14),调节示波器使两路信号同时显示,并调整好两个信号的上下位置和垂直、水平挡位。

b. 观察：

a）观察并记录该处信号的波形并与计算值核对。

b）把示波器原接测量点（H14）的探头改接至测量点（H20，H21，H23）及（M-OUT），分别观察并记录各处信号的波形并与计算值核对。

c）比较译码输出（测量点（M-OUT））和输入信号（测量点（M-CODE-OUT））。

d）根据需要可以微调接收端的中周线圈，以调节恢复的定时信号的频率和相位，但是在进行调节之前必须经老师许可。

② 用频谱观测 HDB3 码的频谱。

此项可视设备条件选做。

（4）技术指标。

① 编码部分。

完成二进制单极性码到 HDB3 码的变换。

输入信号是码速率为 2 048 kbit/s 的非归零码，定时 2 048 kHz，与信码同相。

输出信号是 HDB3 码，其输出波形、负载等应基本符合国际电报电话咨询委员会（CCITT）的 G703 建议中有关 2 048 kbit/s 输出接口波形的要求。

这里对 CCITT 的 G703 建议略加说明：CCITT 对于通讯系统、网络、传输等都有详细、严格的规定，分别以各项建议的形式给出；研制设备、网络等应符合相应的各项建议中的技术指标要求。本实验中用到的 G703 建议是对分层数字接口的物理和电气性能要求。

下面给出 G703 中对 2 048 kbit/s 码的输出口的部分要求：

a. 测试负载阻抗 75 Ω，电阻性。

b. 信号峰值电压 2.37 V。

c. 空号峰值电压（0±0.237）V。

d. 脉冲中点处正负脉冲幅度值比 0.9～1.05。

e. 标称半幅度处脉冲宽度比 0.95～1.05。

f. 脉冲形状标称为矩形，波形上、下冲不超过 20%。

② 解码部分。

完成位定时恢复与信码再生两种功能。

输入信号为双极性、归零的 HDB3 码，输出位定时信号为 2 048 kHz，占空比优于 1：1.1。

输出信码为 2 048 kbit/s 全占空单极性二进制码，与位定时同相。定时、信码的幅度为（3.6±0.4）V。

2.1.6 实验报告

（1）根据电路原理图分析伪随机序列发生器的生成多项式，计算该 M 序列的周期长度及一个周期内的波形，并与实验记录相比较。

（2）根据电路图及实验记录分析 HDB3 收发电路的原理,并对关键器件的功能加以描述。

（3）根据实验记录绘制当输入为"0","1","1000"码和 32 位 PN 码时,HDB3 收发过程中关键点的波形。

（4）用滤波法由信码中提取位定时信息,对 HDB3 码要做哪些变换? 根据原理图分析本实验中是如何恢复码定时的。

（5）谐振回路中 L 和 C 的取值应如何考虑? 电路的 Q 值应取多少? 根据什么原则决定这些值?

（6）分析 HDB3 码和信码的频谱,并进行比较。

（7）通过本实验还有什么收获和体会?

2.2 移频键控(FSK)实验

2.2.1 实验目的

通过本实验,学生应达到以下要求:

（1）掌握伪随机序列的产生方法。

（2）掌握 FSK 调制原理及其实现方法。

（3）掌握 FSK 解调原理及其实现方法。

（4）掌握位同步的作用及其提取方法。

（5）了解数据传输系统中不可缺少的一个环节——码再生。

2.2.2 实验内容

（1）多谐振荡器。

（2）内置方波源和伪随机序列发生器。

（3）FSK 调制器(可变分频比的分频链)。

（4）FSK 解调器。

① 信号再生。

② RC 有源滤波器。

③ 位同步提取。

④ 有源带通滤波器。

⑤ 码再生。

2.2.3 实验原理

移频键控,或称数字频率调制,是数字通信中使用较早的一种调制方式。数字频率调制的基本原理是利用载波的频率变化来传递数字信息。在数字通信系统中,这种频率的变化不是连续而是离散的。例如,在二进制数字频率调制系统中,用两个不同的载频来传递数字信息。移频键控常常写成 FSK(Frequency Shift Keying)。

FSK 广泛用于低速数据传输设备中,根据国际电联(ITU-T)的建议,传输速率为 1 200 波特以下的设备一般采用 FSK 方式传输数据。

FSK 具有调制方法简单、易于实现、解调不需要恢复本地载波、可以异步传输、抗噪声和衰落性能较强等特点。由于具有这些特点,FSK 是模拟电话网上用来传输数据的低速、低成本异步调制解调器的一种主要调制方式。

在一个 FSK 系统中,发端把基带信号的变化转换成对应的载波频率(简称载频)的变化,而在收端则完成与发端相反的转换,即将载波频率的变化转变为基带信号的变化。FSK 信号在信道中传输的是两个载波频率的切换,那么其频谱是否就是这两个载波的线谱? 或者说信道的频带是否只要这两个载频之差就够了? 答案是否定的。

设 FSK 的两个载频分别为 f_1 和 f_2,则其中心载频为 $f_0 = \dfrac{(f_1 + f_2)}{2}$;又设基带信号的速率为 f_s。这样,经过分析,FSK 的频谱如图 2-5 所示。图 2-5 中,曲线 A 对应的 $f_1 = f_0 + f_s$,$f_2 = f_0 - f_s$;曲线 B 对应的 $f_1 = f_0 + 0.4f_s$,$f_2 = f_0 - 0.4f_s$。

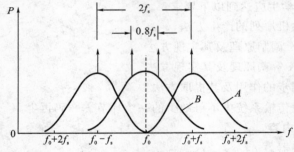

图 2-5 相位不连续信号的频谱示意图

从图 2-5 中可以看出:

(1) FSK 信号的频谱由连续谱和线谱组成,线谱出现在两个载频位置上。

(2) 若两个载频的频率之差较小(小于 f_s),则连续谱出现单峰;若两个载频之差逐渐增大,即 f_1 与 f_2 的距离增大,则连续谱将出现双峰。

(3) 传输 FSK 信号所需的频带 Δf 为:

$$\Delta f = |f_1 - f_2| + 2f_s$$

本实验为传输 370 波特基带信号的 FSK 实验,采用改变分频链、分频比来实现移频键控,收端采用过零检测恢复基带信号,并从恢复的基带信号中直接提取码元定时信号。

实现数字频率调制的方法很多,概括起来有两类:直接调频法和移频键控法。本实验采用移频键控法。该方法便于用数字集成电路来实现。数字频率调制的解调一般有三种方法:鉴频法、过零检测法和差分检波法。本实验采用过零检测法进行解调。

目前，低速率的移频键控调制解调器有专用的集成电路，例如 MOTOROLA 公司的 MC6800 和 NE564 等。本实验为帮助理解移频键控调制、解调的基本原理，采用小规模集成电路来实现调制、解调。

实验电路的总框图如图 2-6 所示。

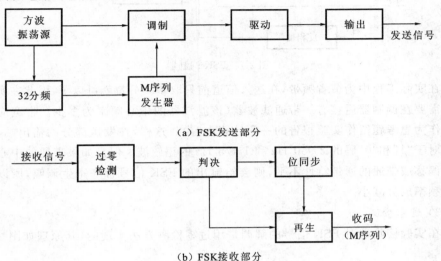

（a）FSK发送部分

（b）FSK接收部分

图 2-6　FSK 实验系统框图

实验电路分成 FSK 发送（调制）和 FSK 接收（解调）两部分（合装在一个实验架上）。图 2-6(a)为 FSK 发送部分，包括方波源、分频器、伪随机(M)序列发生器、调制器和驱动器等；图 2-6(b)为 FSK 接收部分，包括过零检测、判决、位同步和码再生等。

FSK 发送部分线路图如附图 4 所示，FSK 接收部分线路图如附图 5 所示。

下面介绍该实验系统的各主要组成部分。

1）方波源

方波源为一多谐振荡器，可提供 FSK 的载波和信码定时信号，振荡频率约为 11 800 Hz，用 W1 可微调频率。

M 序列发生器由四级移位寄存器组成，形成长度为 $2^4-1=15$ 的随机序列充当信码，其信码定时是方波源输出信号经 32 分频得到的，码率约为 370 bit/s。

2）调制器

调制器为全数字的可变分频比的分频链，其逻辑图如图 2-7 所示。

从图 2-7 可以看出，信码为"1"时，分频链作 4 分频，即输出频率为 2 950 Hz；信码为"0"时，分频链作 8 分频，输出频率为 1 475 Hz。

由于这里的输出为对称方波，所含频率成分较丰富，需要占据较宽的信道频带，

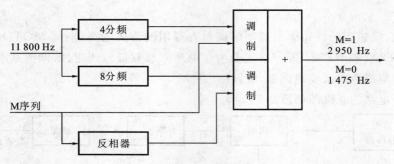

图 2-7　FSK 调制器

所以在实际工程中为节省频带,在送入信道前只取基频分量就可以了,因此在实际传输时需要在调制器后接有一带通滤波器(该滤波器的中心频率为多少? 带宽应为多少? 作为思考题留作实验报告的一项计算内容)。这样,在发送部分的输出端,就得到相对于"1"和"0"码的 2 950 Hz 和 1 475 Hz 的正弦波。但是如果带通的中心频率发生偏移或带通的通带特性不平,则会给输出的 FSK 信号带来寄生调幅,所以应尽量使频率成分减小。

3) 过零检测

在实验接收端对 FSK 信号的解调是用过零检测方法实现的,其原理如图 2-8 所示。

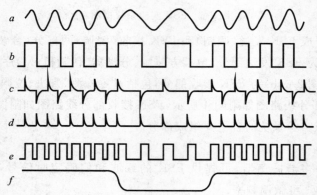

图 2-8　过零检测法各点波形

数字调频波的过零点随载频而异。本实验中,当信码为"1"时,载频为 2 950 Hz,每秒过零点为 $2\,950 \times 2$ 个;当信码为"0"时,载频为 1 475 Hz,每秒过零点为 $1\,475 \times 2$ 个,因此检出过零点数就可以得到关于频率差异的信息,这就是过零检测的基本思路。

输入信号 a 经限幅后产生矩形波序列 b,经微分后产生序列 c,再经整流就形成与频率变化相对应的脉冲序列 d,这个序列就代表着调频波的过零点,将其变换(展宽)成具有一定宽度的矩形波 e,并经过低通滤波器滤除高次谐波,便能得到对于原数字信号的基带脉冲信号 f。

4）位同步

在数据传输设备的接收端,位同步为码再生所必需的,而在数字通信中,常常是不发送导频或位同步信号的,这就必须直接从数字信号中提取位同步。本实验采用直接从数字信号中滤波提取位同步的方法,其原理图 2-9 所示。

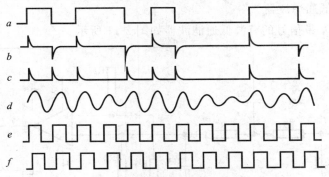

图 2-9　滤波法提取位同步

对于一个不归零的随机二进制序列,不能直接从该序列中滤出位同步信号,但是若对该信号进行某种变换,例如变成归零码后,则该序列中就有 $f_s = \dfrac{1}{T_s}$ 的位同步信号分量,经一窄带滤波器就可以滤出此信号分量,再经相位调整(移相器或延迟)即形成位同步脉冲。

5）码再生

从过零检测低通滤波器输出的信号必须进行码再生才能恢复出和发端相同的非归零信码。码再生电路用一比较器对解调获得的基带信号进行过零电平判决,再由一触发器对判决信号进行抽样定位,如图 2-10 所示。所不同的是,这种码元定时是由位同步提供的,这样解调、同步和码再生就组成了一个较完整的数字通信接收系统。

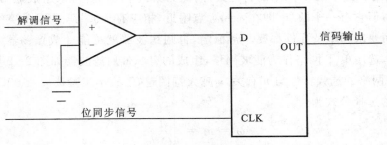

图 2-10　码再生电路

6）有源滤波器

在收端，无论是过零检测中的低通，或者是位同步恢复中的带通，工作频率都很低（低通的截止频率为 200 Hz，带通的中心频率为 370 Hz），而且都要求过渡带很窄，这样使用 LC 无源滤波器就会遇到元件取值很大、节数很多且显得笨重，使用 RC 无源滤波器也会遇到传输系数太小和过渡带不容易很窄等这样一些矛盾。使用近年来发展起来的 RC 有源滤波器是克服这些矛盾的一个有效方法。

（1）有源低通滤波器。

用于检测基带信号的有源低通滤波器如图 2-11 所示。

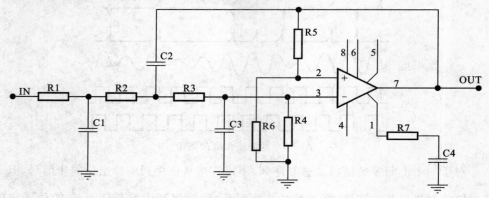

图 2-11　用于检测基带信号的有源低通滤波器

图 2-11 中，R1 和 C1，R2 和 C2，R3 和 C3 组成三节 RC 滤波器，R5 和 R6 决定了放大器的增益，R4 为偏置电阻，R7 和 C4 是频率补偿元件。这样一个低通滤波器，不但可获得很窄的过渡带，而且传输系数可通过调整 R5 和 R6 使其大于 1，RC 的选择也较简便。

（2）有源带通滤波器。

有源滤波器是由 RC 滤波器与有源运放组成的。选用具有带通特性的 RC 滤波器还可以组成有源带通滤波器。有带通特性的 RC 网络有 RC 并联网络、单 T 网络和双 T 网络。其中双 T 网络的特性最好，因为其 Q 值很高，可以组成通带很窄的带通滤波器，但它有一个缺点，即在 $\omega = \omega_0$ 点附近，相应有 $-90°$ 到 $+90°$ 的突变，这是不利的，因而要求频率及元件都要非常稳定，否则滤波器就可能变成振荡器。为此，在本实验中，选用单 T 网络作为滤波网络，组成的有源带通滤波器如图 2-12 所示。

单 T 网络的选频特性与 n 有关，n 越大特性越好，故本实验选 $n=100$。

RC 的选择公式为：

$$\omega = \omega_0 = \frac{1}{RC\sqrt{n}} \tag{2-3}$$

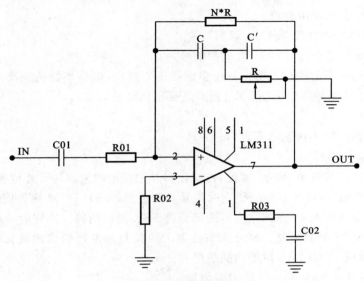

图 2-12　有源带通滤波器

2.2.4　实验设备

实验设备见表 2-2。

表 2-2　实验设备

名　称	要求达到指标	数　量
双踪同步示波器	40 MHz	1 台
直流稳压电源	−7 V，+14 V	1 台
FSK 实验箱		1 台
万用表		1 台

2.2.5　实验方案

1）电源检查

（1）两组电源的接入点位置请参考电路板上的印刷文字。

（2）使用万用表检测实验箱的各电源接入点和 GND 之间是否有短路现象,如果有,则禁止继续实验。

（3）在实验箱中使用了 7812,7809,7805 和 7905 稳压芯片来保护实验板电子元器件,由于稳压芯片需要一定的电压差,故电路使用的 +12 V,+5 V,−5 V 的电源需要由 +14 V 和 −7 V 的电源通过稳压芯片提供。

（4）用万用表（或示波器）确认两组电源的电压极性和电压值为 +14 V,−7 V,在确认完全无误之前不允许将实验箱和电源连接。

（5）在连接实验箱和电源时请务必关断电源的开关。

（6）连接电源和实验箱。

2）伪随机序列发生及 FSK 调制

（1）观察测量点（1.1）——方波源信号。

本实验的所有时钟信号都由一个多谐振荡器提供，振荡器振荡频率约为 11 800 Hz，可用 W1 调整频率（在进行调节前必须征得老师的同意）。

① 连接：

把示波器的探头接至测量点（1.1）处。

② 观察：

观察并记录其波形（频率、幅度、占空比），并把显示的频率与计算值相核对。

（2）观察测量点（1.4）——码定时信号和测量点（1.5）——M 序列信号。

码定时分频链及 M 序列发生器两部分为 FSK 提供信码。码定时分频链由五级 D 触发器组成 32 分频电路。M 序列发生器为四级 D 触发器组成的最长线性反馈移位寄存器，形成 $2^4-1=15$ 位的伪随机序列。

① 观察测量点（1.4）——码定时信号。

a. 连接：

把示波器的探头接至测量点（1.4）处。

b. 观察：

观察并记录其波形（频率、幅度、占空比）。

② 观察测量点（1.5）——M 序列信号。

a. 连接：

把示波器的探头接至测量点（1.5）处。

b. 观察：

观察并记录其波形（频率、幅度）。

（3）可变分频比的分频链。

可变分频比的分频链由多级 D 触发器构成，当信码为"1"时使载波信号为主振的 4 分频，当信码为"0"时使载波信号为主振的 8 分频。

改变信码输入连接点"K-0"，"K-1"，"K-M"，其中"K-0"连接为"0"码输入调制，"K-1"连接为"1"码输入调制，"K-M"连接为 M 序列输入调制。在测量点（1.8）处观测 FSK 调制后的波形，当为 M 序列输入时，在该点可测得 FSK 调制的平均载波频率。注意：观察 M 序列输入调制后的信号时，需要用 M 序列作为示波器的同步信号才能看清楚其波形。

① 把三个连接点"K-0"，"K-1"和"K-M"中的"K-0"（三个连接点中右边的一个）用短路子连接，其余两个断开，观察并记录测量点（1.8）处的波形（频率、幅度）。

② 把三个连接点"K-0"，"K-1"和"K-M"中的"K-1"（三个连接点中左边的一个）用短路子连接，其余两个断开，观察并记录测量点（1.8）处的波形（频率、幅度）。

③ 把三个连接点"K-0","K-1"和"K-M"中的"K-M"(三个连接点中间的一个)用短路子连接,其余两个断开,把双踪示波器的一路接至测量点(1.5)处,把示波器的另一路接至测量点(1.8)处,观察并记录两测量点处的波形(频率、幅度)。

3) FSK 接收解调

连接:用连接线连接 FSK 调制信号输出插孔(实验板中上部两个插孔中左边的一个)和 FSK 解调信号输入插孔(实验板中上部两个插孔中右边的一个)。

(1) 限幅。

限幅器对输入信号进行限幅,以消除各种干扰和噪声,使输入信号变换成跳变陡峭的方波以取得过零点信息。在测量点(2.1)观测经过限幅后的方波信号。

① 连接:

把示波器的探头接至测量点(2.1)处。

② 观察:

观察并记录其波形。

(2) 微分整流。

为了提取信码的过零点信息,将限幅器限幅后的信号送入微分整流单元进行微分。在测量点(2.2)观测过零脉冲,每个零点一个脉冲。

① 连接:

把示波器的探头接至测量点(2.2)处。

② 观察:

观察并记录其波形。

(3) 展宽。

为了把过零点的窄脉冲展宽成具有一定宽度的脉冲,采用单稳态来形成。在测量点(2.3)观测与过零点对应的宽脉冲。

① 连接:

把示波器的探头接至测量点(2.3)处。

② 观察:

观察并记录其波形。

(4) 有源低通。

由于 FSK 采用不同的载频代表不同的信息,过零点的多少反映了调制端的基带信息,因此,采用一个有源低通滤波器对过零信号进行滤波。经过滤波后过零点多的信号输出电压高,过零点少的信号输出电压低。在测量点(2.4)观测恢复出来的基带信号,利用测量点(1.4)——码定时信号作为示波器的同步信号,可以看到眼图。

① 连接:

把示波器的探头接至测量点(2.4)处。

② 观察:

观察并记录其波形。

（5）判决。

经过有源低通滤波器后，过零点信号被转换为基带模拟信号，将该信号送入一个判决器，就得到了数字信号。由于在有源低通对基带模拟信号进行了反向输出，因此判决后的数字信号与发送端的信号是反向的。在测量点(2.5)可以观察到判决后的数字信号。

① 连接：

把示波器的探头接至测量点(2.5)处。

② 观察：

观察并记录其波形。

（6）微分整流。

为了在经过判决得到的数字信号中提取位定时信息，首先对信码进行微分，提取过零信息。为了得到与信码频率相同的定时，需要将信码的下降沿也整流送入后续的滤波器。在测量点(2.6)点可观看到经过微分整流后的过零点脉冲。

① 连接：

把示波器的探头接至测量点(2.6)处。

② 观察：

观察并记录其波形。

（7）有源带通。

基带信号为不归零的脉冲，不含位同步信息，经过上述的变换后，就得到了含有位同步信息的脉冲。有源带通就是为了把位同步信息取出来。由于单 T 有源网络的 Q 值还不够高，因此输出的正弦波相对于信码的连"1"、连"0"处会出现衰减振荡。在测量点(2.7)可以观测到衰减振荡。

① 连接：

把示波器的探头接至测量点(2.7)处。

② 观察：

观察并记录其波形。

（8）判决。

由于有源带通的输出是模拟信号，所以把该信号送入判决器，将衰减振荡信号转换为满足 TTL 要求的位定时信号。在测量点(2.8)可以观测到经过判决后的位定时信号。

① 连接：

把示波器的探头接至测量点(2.8)处。

② 观察：

观察并记录其波形。

（9）延迟。

为了使位同步对解调信号的抽样获得良好效果，必须使位同步脉冲的跳变沿避开解调信号的跳变沿，因此采用适当延迟的方法。本实验采用若干非门完成延迟功能。在测量点（2.9）可以观测到经延迟后的位定时信号。

① 连接：

把示波器的探头接至测量点（2.9）处。

② 观察：

观察并记录其波形。

（10）抽样。

重新抽样定时采用 D 触发器完成，最后输出的信码应为 $2^4-1=15$ 位的伪随机序列，与发信码相参照，应无误。在测量点（2.10）可以观测到经抽样后的信号。

① 连接：

把双踪示波器的一路接至测量点（1.5）处，把示波器的另一路接至测量点（2.10）处，调节示波器使两路信号同时显示，并调整好两个信号的上下位置和垂直、水平挡位。

② 观察：

观察并记录两点的波形，然后比较两点的波形。

2.2.6　实验报告

（1）整理 FSK 调制解调过程中的各点实验数据、波形。

（2）描述 FSK 系统的组成及各部分的作用。

（3）实现 FSK 调制和解调是否还有别的办法？

（4）如果本实验调制器后需要增加一级带通滤波器，试估算滤波器的中心频率是多少？带宽是多少？

（5）为什么利用 FSK 波形的过零点可以检测出信码来？

（6）从信码中直接提取同步是如何使信码变换成含有位同步信息的？

（7）通过本实验还有什么收获和体会？

2.3　移相键控（PSK）实验

2.3.1　实验目的

通过本实验，学生应达到以下要求：

（1）了解 M 序列的性能，掌握其实现方法及作用。

（2）了解二进制移相键控（2PSK 或 BPSK）系统的组成，熟悉其调制解调原理。

（3）学习同相正交环（科斯塔斯（Costas）环）的原理和组成框图。

（4）学习集成电路压控振荡器在系统中的应用。

（5）掌握载波锁相环路技术指标(同步带、捕捉带)的测试方法。

（6）学习二进制移相键控(2PSK 或 BPSK)系统主要性能指标的测试方法。

2.3.2　实验内容

（1）调测 M 序列发生电路。

（2）调测差分编码电路。

（3）调测相位选择法调制电路。

（4）调测同相—正交环解调电路。

（5）调测集成压控振荡(VCO)电路。

（6）测量同步带、捕捉带。

（7）观察调制、解调各部分波形及眼图。

2.3.3　实验原理

数字通信系统的模型可以用图 2-13 表示,其中虚线框内的部分称为数字调制和解调部分,用于完成数字基带信号到数字频带信号之间的变换。

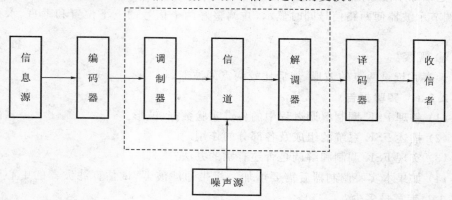

图 2-13　数字通信系统模型

与模拟通信系统相比,数字调制和解调同样是通过某种方式将基带信号的频谱由一个频率位置搬移到另一个频率位置上去的,不同的是数字调制的基带信号不是模拟信号,而是数字信号。

在大多数情况下,数字调制是利用数字信号的离散值去键控载波,对载波的幅度、频率或相位进行键控,便可获得 ASK,FSK,PSK 等。在抗加性噪声能力和信号频谱利用率等方面,这三种数字调制方式以相干 PSK 的性能最好,目前已在中、高速数据传输中得到了广泛应用。

近年来,在数字微波通信中进一步提高频谱利用率的课题已获得重要进展。除了二进制移相键控(2PSK 或 BPSK)外,已派生出多种调制形式,如四相移相键控(QPSK)、八相移相键控(8PSK)、正交部分响应(QPRS)、十六状态正交振幅(16QAM)及 64QAM 和 256QAM 等,它们都是高效率的调制手段。

本系统实现了二进制移相键控(2PSK 或 BPSK)。为了模拟实际的数字调制系统,本实验的调制和解调基本上都由数字电路构成。数字电路具有变换速度快、解调测试方便等优点。为了在实验过程中观察方便,实验系统的载波选为 5 MHz。

1) 调制

本系统调制部分的框图如图 2-14 所示,原理电路示于本章附图 6,下面分几部分加以说明。

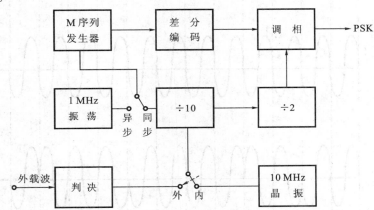

图 2-14　二进制移相键控(2PSK 或 BPSK)调制部分框图

(1) M 序列发生器。

实际的数字基带信号是随机的,为了实验和测试方便,一般都用 M 序列发生器产生一个伪随机序列来充当数字基带信号源。按照本原多项式 $f(x) = x^5 + x^3 + 1$ 组成的五级线性移位寄存器,就可得到 31 位码长的 M 序列。码元定时与载波的关系既可以是同步的,以便清晰地观察码元变化时对应调制载波的相位变化,也可以是异步的,因为实际的系统都是异步的。码元速率约为 1 Mbit/s。

(2) 相对移相和绝对移相。

移相键控分为绝对移相和相对移相两种。

以未调载波的相位作为基准的相位调制,即以与未调载波相位变化(同相或反相)来记录码元的相位调制称为绝对移相。以二进制移相键控(2PSK 或 BPSK)为例,当取码元为"1"时,调制后载波与未调载波同相;当取码元为"0"时,调制后载波与未调载波反相。码元为"1"和"0"时的调制后载波的相位差为 180°。绝对移相的波形如图 2-15 所示。

在同步解调的 PSK 系统中,由于收端载波恢复存在相位模糊的问题,即恢复的载波可能与未调载波同相,也可能反相,以至于解调后的信码出现"0"和"1"倒置,即发送为"1"码时,解调后得到"0"码;发送为"0"码时,解调后得到"1"码,这是我们所不希望的。为了克服这种现象,人们提出了相对移相方式。

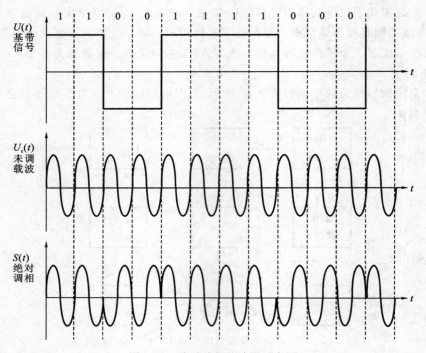

图 2-15　绝对移相的波形示意图

以相邻的前一个码元的载波相位作为基准的相位调制,即以与相邻的前一码元的载波相位的变化(同相或反相)来记录码元的相位调制称为相对移相。相对移相不同于绝对移相的特征是:每个码元的载波相位不是以固定的未调载波相位作为基准的。例如,当某一码元取"1"时,它的载波相位与前一码元的载波同相;当码元取"0"时,它的载波相位与前一码元的载波反相。相对移相的波形如图 2-16 所示。

一般情况下,相对移相可以通过对信码进行变换和绝对移相来实现。将信码经过差分编码变换成新的码组——相对码,再利用相对码对载波进行绝对移相,使输出的已调载波相位满足相对移相的相位关系。

设绝对码为 $\{a_i\}$,相对码为 $\{b_i\}$,则二相编码的逻辑关系为:

$$b_i = a_i - b_{i-1} \tag{2-4}$$

差分编码的功能可由一个模二和电路和一级移位寄存器组成。

调相电路可由模拟相乘器实现,也可由数字电路实现。实验中的调相电路是由数字选择器(74LS153)完成的。当 2 脚和 14 脚同时为高电平时,7 脚输出与 3 脚输入的"0"相载波相同;当 2 脚和 14 脚同时为低电平时,7 脚输出与 6 脚输入的"π"相载波相同,这样就完成了差分信码对载波的相位调制。图 2-17 所示为一个数字序列的相对移相的过程。

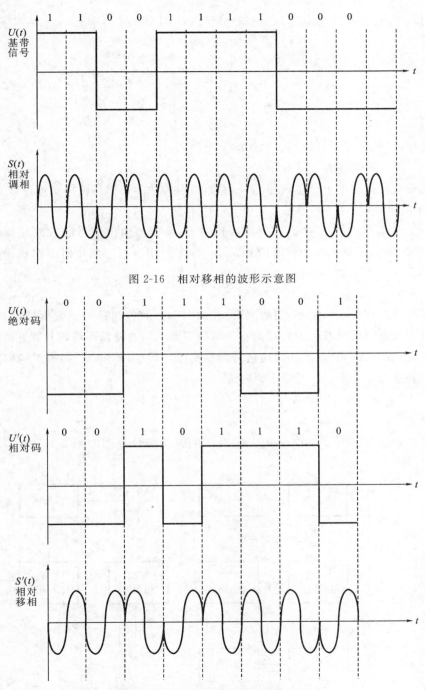

图 2-16 相对移相的波形示意图

图 2-17 绝对码实现相对移相的过程

对应差分编码,在解调部分有一差分译码,其逻辑为:

$$c_i = b_i + b_{i-1} \tag{2-5}$$

将式(2-4)代入式(2-5),得:

$$c_i = a_i - b_{i-1} + b_{i-1}$$

即:

$$c_i = a_i + 0 = a_i \tag{2-6}$$

这样,经差分译码后恢复了原始的发码序列。

(3)数字调相器的主要指标。

在设计与调整一个数字调相器时,主要考虑的性能指标是调相误差和寄生调幅。

① 调相误差。

由于电路不理想,往往引进附加的相移,使调相器输出信号的载波相位取值为 $0°$ 及 $180° + \Delta\phi$,我们把这个偏离的相角 $\Delta\phi$ 称为调相误差。调相器的调相误差相当于损失了有用信号的能量。

② 寄生调幅。

理想的二相相位调制器,当数码取"0"或"1"时,其输出信号的幅度应保持不变,即只有相位调制而没有附加幅度调制。但由于调制器的特性不均匀及脉冲高低电平的影响,使得"0"码和"1"码的输出信号幅度不等。设"0"码和"1"码所对应的输出信号幅度分别为 U_{om} 及 U_{im},则寄生调幅为:

$$m = (U_{om} - U_{im})/(U_{om} + U_{im}) \tag{2-7}$$

2)解调

二进制移相键控(2PSK 或 BPSK)系统的解调部分框图如图 2-18 所示,原理电路如本章附图 7 所示。

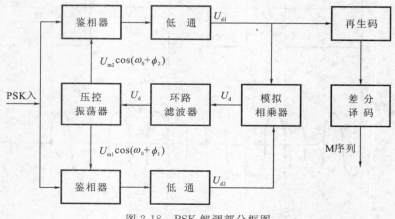

图 2-18 PSK 解调部分框图

（1）同相正交环。

绝大多数二相 PSK 信号采用对称的移相键控，因而在码元"1"，"0"等概条件下都是抑制载波的，即在调制信号的频谱中不含载波线谱，这样就无法用窄带滤波器从调制信号中直接提取参考相位载波。对 PSK 而言，只要用某种非线性处理的方法去掉相位调制，就能产生与载波有一定关系的分量，恢复出同步解调所需的参考相位载波，实现对被抑制掉的载波的跟踪。

从 PSK 信号中提取载波的常用方法是采用载波跟踪锁相环，如平方环、同相正交环、逆调制环及判决反馈环等。这几种锁相环的性能特点列于表 2-3 中。

表 2-3 几种锁相环的性能特点

锁相环 性能	平方环	同相正交环	逆调制环	判决反馈环
环路工作频率	$f = 2f_0$	$f = f_0$	$f = f_0$	$f = f_0$
等效鉴相特性	正弦	正弦	近似矩形	近似矩形
解调能力	无	有	有	有
电路 复杂程度	鉴相器 工作频率高	需用基带 模拟相乘器	需用 二次调制器	需用基带 模拟调制器

本实验采用同相正交环。同相正交环又叫科斯塔斯（Costas）环，其原理框图如图 2-19 所示。在这种环路里，误差信号是由两个鉴相器提供的。压控振荡器（VCO）给出两路相互正交的载波到鉴相器，输入的二进制移相键控（2PSK 或 BPSK）信号经鉴相后由低通滤波器滤除载波频率以上的高频分量，得到基带信号 U_{d1} 和 U_{d2}，这时的基带信号包含着码元信号，无法对压控振荡器（VCO）进行控制。将 U_{d1} 和 U_{d2} 经过基带模拟相乘器相乘，就可以去掉码元信息，得到反应压控振荡器（VCO）输出信号与输入载波间相位差的控制电压。

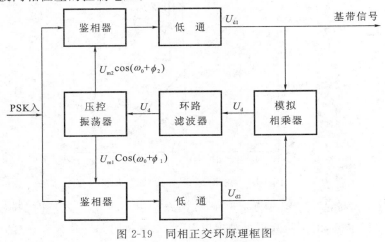

图 2-19 同相正交环原理框图

（2）集成电路压控振荡器（IC-VCO）。

压控振荡器（VCO）是锁相环的关键部件，它的频率调节和压控灵敏度取决于锁相环的跟踪性能。

实验电路采用一种集成电路的压控振荡器（74S124）。集成电路配以简单的外部元件并加以适当调整，即可得到令人满意的结果，如图 2-20 所示。

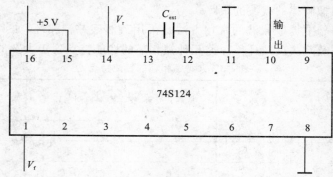

图 2-20　集成电路压控振荡器（IC-VCO）使用实例

集成电路的每一个振荡器都有两个电压控制端，V_r 用于控制频率范围（第 14 脚），V_f 用于控制频率范围调节（第 1 脚）。外接电容器 C_{ext} 用于选择振荡器的中心频率。当 V_r 和 V_f 取值适当，振荡器的工作正常时，振荡器的频率 f_0 与 C_{ext} 的关系近似为：

$$f_0 = 5 \times 10^{-4}/C_{ext} \tag{2-8}$$

f_0 与 C_{ext} 的关系曲线如图 2-21 所示。

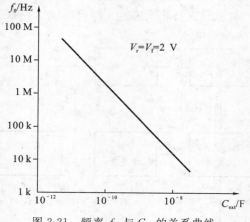

图 2-21　频率 f_0 与 C_{ext} 的关系曲线

当固定 C_{ext} 时，V_r 与 V_f 有确定的函数关系。以 $V_r = V_f = 2\ V$ 时的输出频率 f_0 为归一化频率单位，由实验数据可画出以 V_r 为参变量时归一化频率 f_n 随 V_r 的变化曲线,如图 2-22 所示。

由图 2-22 的曲线可以看出,随着 V_r 的增大,压控振荡器(VCO)的压控灵敏度和线性范围都在增大。选取适当的 V_r 值和 C_{ext} 值,将误差电压经线性变换后充当控制电压 V_f,这样就可实现由误差电压控制 VCO。当 $f_0 = 10\ \mathrm{MHz}$ 时,一组典型的实验数据为 $C_{ext} = 27.5\ \mathrm{pF}$,$V_r = 3.76\ \mathrm{V}$,这时 V_f 在 2.8 V 左右移动。

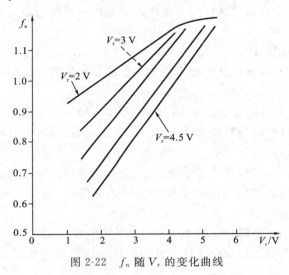

图 2-22　f_n 随 V_r 的变化曲线

(3) 传输畸变和眼图。

数字信号经过非理想的传输系统必定产生畸变。为了衡量这种畸变的严重程度,一般都采用观察眼图的方式。眼图是示波器重复扫描所显示的波形。示波器的输入信号是解调后经低通滤波器恢复的未经再生的基带信号,同步信号是位定时。这种波形示意图如图 2-23 所示。

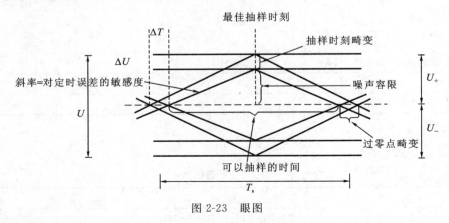

图 2-23　眼图

衡量眼图的几个重要参数有：

① 眼图开启度 $(U-2\Delta U)/U$。

眼图开启度是指在最佳抽样点处眼图幅度的"张开"程度。无畸变眼图的开启度为 100%。

② "眼皮"厚度 $2\Delta U/U$。

"眼皮"厚度是指在最佳抽样点处眼图幅度的闭合部分与最大幅度之比。无畸变眼图的"眼皮"厚度为 0。

③ 交叉点发散度 $\Delta T/T_s$。

交叉点发散度是指眼图波形过零点交叉线的发散程度。无畸变眼图的交叉点发散度为 0。

④ 正、负极性不对称度 $|(U_+-U_-)|/|(U_++U_-)|$。

正、负极性不对称度是指在最佳抽样点处眼图正、负幅度不对称的程度。无畸变眼图的正、负极性不对称度为 0。

如果传输信道不理想，产生传输畸变，就会很明显地由眼图的这几个参数反映出来，其后果可以看成有效信号的能量损失。可以推导出，等效信号信噪比的损失量 $\Delta E_b/N_0$ 与眼图开启度 $(U-2\Delta U)/U$ 有如下关系：

$$\Delta E_b/N_0 = 20\lg\left[(U-2\Delta U)/U\right] \text{ (dB)} \qquad (2\text{-}9)$$

同样，交叉点发散度对信噪比损失的影响也可以等效为眼图开启度对信噪比损失的影响，这里不再详述。

2.3.4 实验设备

1）基本仪器

基本仪器见表 2-4。

表 2-4　基本仪器

名　称	要求达到指标	数　量
双踪同步示波器	40 MHz	1 台
直流稳压电源	+14 V，−7 V	1 台
高频信号发生器	10 MHz	1 台
万用表		1 台
PSK 实验箱		1 台

2）可选仪器

可选仪器见表 2-5。

表 2-5　可选仪器

名　称	指　标	数　量
数字频率计	测量频率范围：50 Hz～10 MHz	1 台

2.3.5　实验方案

1）电源检查

（1）两组电源的接入点位置请参考电路板上的印刷文字。

（2）使用万用表检测实验箱的各电源接入点和 GND 之间是否有短路现象，如果有则禁止继续实验。

（3）在实验箱中使用了 7812，7809，7805 和 7905 稳压芯片来保护实验板电子元器件，由于稳压芯片需要一定的电压差，故电路使用的＋12 V，＋5 V，－5 V 的电源需要由＋14 V 和－7 V 的电源通过稳压芯片提供。

（4）用万用表（或示波器）确认两组电源的电压极性和电压值为＋14 V，－7 V，在确认完全无误之前不允许把实验箱和电源连接。

（5）在连接实验箱和电源时请务必关断电源的开关。

（6）连接电源和实验箱。

2）时钟源

（1）本实验箱中的载波信号既可以由外部输入，也可以由本地产生。本地主振的频率为 10 MHz。在测量点（4）可以观测到该主振信号。

① 连接：

a. 把连接点 K2 用短路子连接 2-1 两点。

b. 把示波器的探头接至测量点（4）处。

c. 把频率计的探头也接至测量点（4）处。

② 观察：

a. 观察并记录其波形（幅度、占空比）。

b. 记录频率计显示的频率并与计算值核对。

（2）主振信号通过一个分频器经主振分频得到产生伪随机序列所需要的定时信号。在测量点（1）可以观测到该定时信号。

① 连接：

a. 把连接点 K1 用短路子连接 3-2 两点，把连接点 K2 用短路子连接 2-1 两点。

b. 把示波器的探头接至测量点（1）处。

c. 把频率计的探头也接至测量点（1）处。

② 观察：

a. 观察并记录其波形（幅度、占空比）。

b. 记录频率计显示的频率并与计算值核对。

3）M 序列发生器

M 序列发生器是一个五级线性移位寄存器，其生成多项式为 $f(x) = x^5 + x^3 + 1$。在测量点（2）处可以观测到该 M 序列。

（1）连接：

① 把连接点 K1 用短路子连接 3-2 两点，把连接点 K2 用短路子连接 2-1 两点。

② 把示波器的探头接至测量点（2）处。

（2）观察：

观察并记录一个周期的随机序列的波形（幅度、占空比）。

4）差分编码

PSK 系统存在相位模糊度，为了克服这个相位模糊度，发端信码必须进行差分编码。在二进制移相键控（2PSK 或 BPSK）中，差分编码方式为延时模二和。在测量点（3）处可以观测到经过差分编码后的信号。

（1）连接：

① 把连接点 K1 用短路子连接 3-2 两点，把连接点 K2 用短路子连接 2-1 两点。

② 把双踪示波器的一路接至测量点（3）处，把示波器的另一路接至测量点（2）处，调节示波器使两路信号同时显示，并调整好两路信号的上下位置和垂直、水平偏转系数及触发方式、电平。

（2）观察：

观察并记录两点的波形，然后比较两点波形的区别，验证差分编码的规律。

5）数字调相电路

（1）观察同/异步状态下的测量点（PSK-OUT）-PSK 信号的波形。

① 连接：

a. 把连接点 K1 用短路子连接 3-2 两点，把连接点 K2 用短路子连接 2-1 两点。

b. 把双踪示波器的一路接至测量点（3）处，把示波器的另一路接至测量点（PSK-OUT）处，调节示波器使两路信号同时显示，用测量点（3）作同步信号并调整好两路信号的上下位置和垂直、水平偏转系数。

② 观察：

a. 观察并记录同步状态下测量点（PSK-OUT）的波形。

b. 把连接点 K1 用短路子连接 2-1 两点，观察并记录异步状态下测量点（PSK-OUT）的波形。

c. 比较以上两点波形的区别。

（2）PSK 调制的两个载波分别为测量点（5）和测量点（IC8 的 6 脚）。测量两个载波的相位差。

① 连接：

a. 把连接点 K2 用短路子连接 2-1 两点。

b. 把双踪示波器的一路接至测量点（5）处，把示波器的另一路接至测量点（IC8 的 6 脚）处。调节示波器使两路信号同时显示，并调整好两路信号的上下位置和垂直、水平偏转系数及触发方式、电平。

② 观察：

观察并记录两点的波形,测量两点波形的相位差。

6) 同相正交环

(1) 载波恢复采用同相正交环,测量点(10)是本地恢复的振荡信号。

① 连接：

a. 把连接点 K1 用短路子连接 3-2 两点,把连接点 K2 用短路子连接 2-1 两点。

b. 用同轴连接线连接调制输出插座(PSK-OUT)及解调输入插座(PSK-IN)。

c. 把示波器的探头接至测量点(10)处。

② 观察：

观察并记录其波形(幅度、占空比)。

(2) 将本地恢复的振荡信号分频得到本地相干载波并同时完成载波的移相。测量点(8)测量点(9)是相差 180°的两路相干载波。

① 连接：

a. 把连接点 K1 用短路子连接 3-2 两点,把连接点 K2 用短路子连接 2-1 两点。

b. 用同轴连接线连接调制输出插座(PSK-OUT)及解调输入插座(PSK-IN)。

c. 把双踪示波器的一路接至测量点(8)处,把示波器的另一路接至测量点(9)处,调节示波器使两路信号同时显示,并调整好两路信号的上下位置和垂直、水平偏转系数及触发方式、电平。

② 观察：

观察并记录两点的波形,比较两点波形的区别。

7) 同步带和捕捉带

同步带和捕捉带是锁相环性能优劣的标志。用发信码——测量点(2)与收信码——测量点(OUT)的比较来判断锁相环是否锁定。

(1) 连接：

① 把连接点 K1 用短路子连接 2-1 两点,把连接点 K2 用短路子连接 3-2 两点。

② 用同轴连接线连接调制输出插座(PSK-OUT)及解调输入插座(PSK-IN)。

③ 把高频信号发生器输出接至插座(IN)处,输入正弦信号,幅度约为 2 V(峰峰值)。

④ 把频率计的探头接至测量点(4)。

⑤ 把双踪示波器的一路接至测量点(OUT)处,把示波器的另一路接至测量点(2)处,调节示波器使两路信号同时显示,用测量点(2)作同步信号并调整好两路信号的上下位置和垂直、水平偏转系数。

(2) 观察：

① 把高频信号发生器输出频率由低向高缓缓调节,当双踪示波器上出现收信码——测量点(OUT)与发信码——测量点(2)同步,并且波形一致时,就是无误码情况,此时锁相环捕捉到外载波并锁定,此点频率记作 f_2。

② 继续将高频信号发生器输出频率向高缓缓调节,直到双踪示波器上可见收信码——测量点(OUT)与发信码——测量点(2)失步,这时锁相环已不能同步跟踪外载波而失锁,此点频率记作 f_4。

③ 把高频信号发生器输出频率由高向低缓缓调节,调到当双踪示波器上出现收信码——测量点(OUT)与发信码——测量点(2)再次同步一致,锁相环再次捕捉到外载波并锁定,此点频率记作 f_3。

④ 继续将高频信号发生器输出频率向低缓缓调节,直到双踪示波器上可见收信码——测量点(OUT)与发信码——测量点(2)再次失步,此点频率记作 f_1。

⑤ 为提高测量精度,上述过程可反复进行几次。

图 2-24 是根据环路电压 U_d 与频率的关系画出的同步带和捕捉带示意图。图中 f_1,f_2,f_3,f_4 与实验中测得的 f_1,f_2,f_3,f_4 一一对应。

同步带:
$$\Delta f_1 = f_4 - f_1 \tag{2-10}$$

捕捉带:
$$\Delta f_2 = f_3 - f_2 \tag{2-11}$$

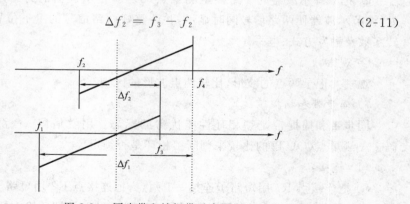

图 2-24　同步带和捕捉带示意图

8) 眼图

以码元定时信号(测量点(12))作为同步信号,观察解调后的基带信号(测量点(7)),并测量眼图的几个指标。

(1) 连接:

① 把连接点 K1 用短路子连接 3-2 两点,把连接点 K2 用短路子连接 2-1 两点。

② 用同轴连接线连接调制输出插座(PSK-OUT)及解调输入插座(PSK-IN)。

③ 把双踪示波器的一路接至测量点(12)处,把另一路接至测量点(7)处,调节示

波器使两路信号同时显示,用测量点(12)作同步信号并调整好两路信号的上、下位置和垂直、水平偏转系数。

(2) 观察:

利用双踪同步示波器的刻度测量眼图的几个指标。

① 眼图开启度 $(U-2\Delta U)/U$,其中 $U=U_++U_-$。

②"眼皮"厚度 $2\Delta U/U$。

③ 交叉点发散度 $\Delta T/T_s$。

④ 正、负极性不对称度 $|(U_+-U_-)|/|(U_++U_-)|$。

9) 差分译码

由于 PSK 载波恢复有相位模糊度,为了克服这个模糊度,在发端采用了差分编码技术。为了得到发端的信码,在接收端必须采用差分译码来恢复信码。

(1) 比较接收端——测量点(IC15 的 12 脚)与发送端——测量点(3)信码的区别。

① 连接:

a. 把连接点 K1 用短路子连接 3-2 两点,把连接点 K2 用短路子连接 2-1 两点。

b. 用同轴连接线连接调制输出插座(PSK-OUT)及解调输入插座(PSK-IN)。

c. 把双踪示波器的一路接至测量点(IC15 的 12 脚)处,把另一路接至测量点(3)处,调节示波器使两路信号同时显示,并调整好两路信号的上下位置和垂直、水平偏转系数及触发方式、电平。

② 观察:

观察并记录两点的波形,比较两点波形的区别。

(2) 差分译码电路完成差分译码,比较译码后测量点(OUT)与编码后测量点(2)信号的区别。

① 连接:

a. 把连接点 K1 用短路子连接 3-2 两点,把连接点 K2 用短路子连接 2-1 两点。

b. 用同轴连接线连接调制输出插座(PSK-OUT)及解调输入插座(PSK-IN)。

c. 把双踪示波器的一路接至测量点(OUT)处,把另一路接至测量点(2)处,调节示波器使两路信号同时显示,并调整好两路信号的上下位置和垂直、水平偏转系数及触发方式、电平。

② 观察:

观察并记录两点的波形,比较两点波形的区别。

2.3.6　实验报告

(1) 整理实验记录,画出一个周期的 M 序列。

(2) 根据实验记录整理出 PSK 调制解调过程中各点相应的曲线和波形。

（3）二进制移相键控（2PSK 或 BPSK）系统由哪些部分构成？各部分的作用是什么？

（4）设给定一码组"100110011100"，画出对这一码组进行二进制移相键控（2PSK 或 BPSK）的调制和解调的波形图。

（5）简述同相正交环工作原理。

（6）为什么利用眼图可大致估计系统性能的优劣？

（7）通过本实验还有什么收获和体会？

2.4 抽样定理和脉冲调幅(PAM)实验

2.4.1 实验目的

通过本实验,学生应达到以下要求:

（1）观察并了解 PAM 信号的形成、平顶展宽、解调和滤波等过程。

（2）验证并理解抽样定理,掌握对频谱混叠现象的分析方法。

（3）观察时分多路系统中非理想信道之间的路际串话现象,分析并掌握其形成原因。

2.4.2 实验内容

（1）采用专用集成抽样保持开关完成对输入信号的抽样。

（2）调测多种抽样时隙的产生电路。

（3）采用低通滤波器完成对 PAM 信号的解调。

（4）测试输入信号频率与抽样频率之间的关系,观察频谱混叠现象,验证抽样定理。

（5）调测多路脉冲调幅(PAM)(双路)电路。

（6）观察并测试时分多路 PAM 信号和高频串话。

2.4.3 实验原理

在通信技术中为了获取最大的经济效益,必须充分利用信道的传输能力,扩大通信容量。因此,采取多路化制式是极为重要的通信手段。最常用的多路复用体制是频分多路复用(FDM)通信系统和时分多路复用(TDM)通信系统。频分多路技术是用不同频率的正弦载波对基带信号进行调制,把各路基带信号频谱搬移到不同的频段上,在同一信道上传输;而时分多路系统则是利用不同时序的脉冲对基带信号进行抽样,把抽样后的脉冲信号按时序排列起来,在同一信道中传输。

利用抽样脉冲把一个连续信号变为离散时间样值的过程称为抽样。抽样后的信号称为脉冲调幅(PAM)信号。在满足抽样定理的条件下,抽样信号保留了原信号的全部信息,而且从抽样信号中可以无失真地恢复出原信号。

　　抽样定理在通信系统、信息传输理论方面占有十分重要的地位,数字通信系统就是以此定理作为理论基础的。在工作设备中,抽样过程是模拟信号数字化的第一步,抽样性能的优劣关系到整个系统的性能指标。

　　图 2-25 给出了传输一路语音信号的 PCM 系统。从图中可以看出,要实现对语音的 PCM 编码,首先就要对语音信号进行抽样,然后才能进行量化和编码。因此,抽样过程既是语音信号数字化的重要环节,也是一切模拟信号数字化的重要环节。

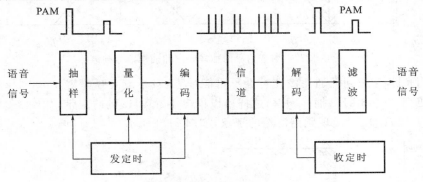

图 2-25　单路 PCM 系统示意图

　　为了让实验者形象地观察抽样过程,加深对抽样定理的理解,本实验提供了一种典型的抽样电路。除此之外,本实验还模拟了两路 PAM 通信系统,以帮助实验者了解时分多路的通信方式。

1) 抽样定理

　　抽样定理指出,对于一个频带受限信号 $m(t)$,如果它的最高频率为 f_H(即频谱中没有 f_H 以上的分量),则它可以唯一地由频率大于或等于 $2f_H$ 的样值序列所决定。因此,对于一个最高频率为 3 400 Hz 的语音信号 $m(t)$,可以用频率大于或等于 6 800 Hz 的样值序列来表示。抽样频率 f_s 和语音信号 $m(t)$ 的频谱如图 2-26 和图 2-27 所示。由频谱可知,用截止频率为 f_H 的理想低通滤波器可以无失真地恢复出原始信号 $m(t)$,这就说明了抽样定理的正确性。

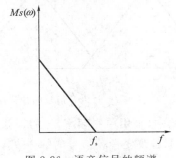

图 2-26　语音信号的频谱

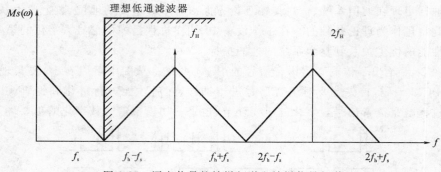

图 2-27　语音信号的抽样频谱和抽样信号频谱

实际上,考虑到低通滤波器特性不可能理想,对于最高频率为 3 400 Hz 的语音信号,通常采用 8 kHz 抽样频率,这样可以留出 1 200 Hz 的防卫带,如图 2-28 所示。如果 $2f_s < f_H$,就会出现频谱混叠的现象,如图 2-29 所示。

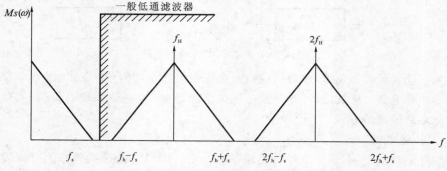

图 2-28　留出防卫带的语音信号的抽样频谱

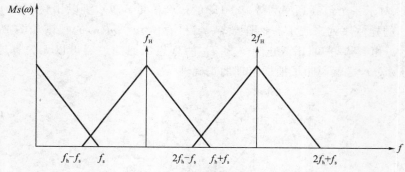

图 2-29　$f_s < f_H$ 时语音信号的抽样频谱

在验证抽样定理的实验中,采用单一频率 f_s 的正弦波来代替实际的语音信号。采用标准抽样频率 $f_H = 8$ kHz,改变音频信号的频率 f_s,分别观察不同频率时,抽样序列和低通滤波器的输出信号,体会抽样定理的正确性。

　　验证抽样定理的实验框图如图 2-18 所示。连接实验装置上的插孔（8）和插孔（14），就构成了抽样定理实验电路。抽样电路采用模拟抽样保持开关电路。抽样开关在抽样脉冲的控制下以 8 000 次/s 的速度开关。当抽样脉冲没来时，抽样开关处于截止状态，输出信号为"0"；当抽样脉冲来时，抽样开关打开，模拟信号可以输出。这样，抽样脉冲期间模拟电压就经抽样开关加到负载上。由于抽样电路的负载是一个电阻，因此抽样的输出端能得到一串脉冲信号，此脉冲信号的幅度与抽样时输入信号的瞬时值成正比，脉冲的宽度与抽样脉冲的宽度相同，这样脉冲信号就是脉冲调幅信号。当抽样脉冲宽度远小于抽样周期时，电路输出的结果接近于理想抽样序列。由图 2-30 可知，用一低通滤波器即可实现模拟信号的恢复。为了便于观察，解调电路由射极跟随器（简称射随）、低通滤波器和放大器组成，低通滤波器的截止频率约为 3 400 Hz。

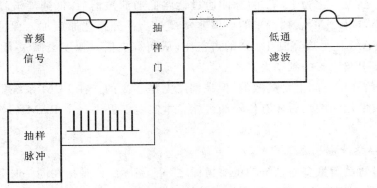

图 2-30　抽样定理实验框图

2）多路脉冲调幅（PAM 信号的形成和解调）

多路脉冲调幅的实验框图如图 2-31 所示。

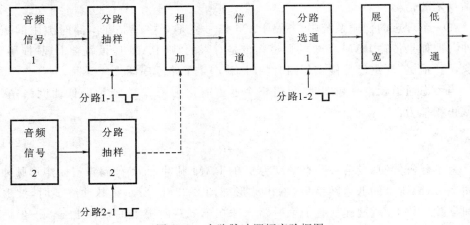

图 2-31　多路脉冲调幅实验框图

　　分路抽样电路的作用是将在时间上连续的语音信号经脉冲抽样形成时间上离散的脉冲调幅信号。n 路抽样脉冲在时间上是互不交叉、顺序排列的,各路的抽样信号在多路汇接的公共负载上相加便形成了合路的脉冲调幅信号。本实验设置了两路分路抽样电路。

　　多路脉冲调幅信号进入接收端后,由分路选通脉冲分离成 n 路,亦即还原出单路 PAM 信号。发送端分路抽样与接收端分路选通是一一对应的,这是依靠它们所使用的定时脉冲的对应关系确定的。为了简化实验系统,本实验的分路选通脉冲直接利用该路的分路抽样脉冲经适当延迟获得。接收端的选通电路采用结型场效应晶体管作为开关元件,但输出负载不是电阻而是电容。采用这种类似于平顶抽样的电路是为了解决 PAM 解调信号的幅度问题。由于时分多路的需要,分路脉冲的宽度 τ_s 是很窄的。当占空比为 τ_s/T_s 的脉冲通过话路低通滤波器后,低通滤波器输出信号的幅度很小,这样大的衰减带来的后果非常严重。在分路选通后加入保持电容可使分路后的 PAM 信号展宽到 100% 的占空比,从而解决信号幅度衰减过大的问题,但平顶抽样将引起固有的频率失真。

　　PAM 信号在时间上是离散的,但在幅度上是连续的。在 PCM 系统里,PAM 信号只有在被量化和编码后才有传输的可能。本实验仅提供一个 PAM 系统的简单模式。

　　3) 多路脉冲调幅系统中的路际串话

　　路际串话是衡量多路系统的重要指标之一。路际串话是指在同一时分多路系统中,某一路或某几路的通话信号串扰到其他话路上去,这样就产生了同一端机中各路通话之间的串话。串话分可懂串话和不可懂串话,前者造成失密或影响正常通话,后者等于噪声干扰。对路际串话必须设法防止,一个实用的通话系统必须满足对路际串话规定的指标。

　　在一个理想的传输系统中,各路 PAM 信号应是严格限制在本路时隙中的矩形脉冲。但如果传输 PAM 信号的通道频带是有限的,则 PAM 信号就会出现"拖尾"的现象,当"拖尾"严重以致侵入邻路时隙时,就产生了路际串话。

　　当考虑通道频带高频端时,可将整个通道简化为图 2-32 所示的低通网络,它的上截止频率为:

$$f_1 = \frac{1}{2\pi R_1 C_1} \tag{2-12}$$

　　为了分析方便,设第一路有幅度为 V 的 PAM 脉冲,而其他路没有。矩形脉冲通过图 2-32(a)所示的低通网络后,输出波形如图 2-32(b)所示。脉冲终了时,波形按时间常数指数下降,这样就有了第一路脉冲在第二路时隙上的残存电压——串话电压。这种由于信道的高频响应不够而引起的路际串话称为高频串话。

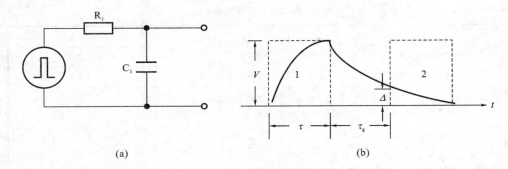

图 2-32 通道的低通等效网络

当考虑通道频带的低频端时,可将通道简化为图 2-33 所示的高通网络,它的下截止频率为:

$$f_2 = \frac{1}{2\pi R_2 C_2}$$

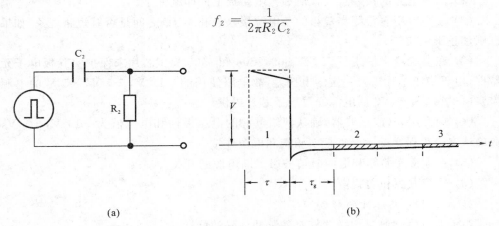

图 2-33 通道的高频等效网络

由于 $R_2 C_2 \gg \tau$,所以当脉冲通过图 2-33(a)所示的高通网络后,输出波形如图 2-33(b)所示,长长的"拖尾"影响到相隔很远的时隙。若计算某一话路上的串话电压,则需要计算前 n 路对这一路分别产生的串话电压,积累起来才是总的串话电压。这种由于信道的低频响应不够而引起的路际串话称为低频串话。解决低频串话是一项很困难的工作。

限于实验条件,本实验只模拟了高频串话的信道。

以上几部分电路所需要的定时脉冲均由附图 8 中的定时电路提供。

2.4.4 实验仪器

实验仪器见表 2-6。

表 2-6 实验仪器

名　称	指　标	数　量
双踪同步示波器	20 MHz	1 台
直流稳压电源	$-7\text{ V},+14\text{ V}$	1 台
低频信号发生器	输出频率范围:满足 50 Hz~8 kHz 输出电压范围:满足 0~5 V(峰峰值)	1 台
万用表		1 台
PAM 实验箱		1 台

2.4.5　实验方案

1) 电源检查

(1) 两组电源的接入点位置请参考电路板上的印刷文字。

(2) 使用万用表检测实验箱的各电源接入点和 GND 之间是否有短路现象,如果有则禁止继续实验。

(3) 在实验箱中使用了 7812,7809,7805 和 7905 稳压芯片来保护实验板电子元器件,由于稳压芯片需要一定的电压差,故电路使用的 $+12$ V, $+5$ V, -5 V 的电源需要由 $+14$ V, -7 V 的电源通过稳压芯片提供。

(4) 用万用表(或示波器)确认两组电源的电压极性和电压值为 $+14$ V, -7 V,在确认完全无误之前不允许把实验箱和电源连接。

(5) 在连接实验箱和电源时请务必关断电源的开关。

(6) 连接电源和实验箱。

2) 抽样和分路脉冲的形成

用示波器观察测量记录并核对各脉冲信号的特性。

(1) 观察测量点(1)——主振脉冲信号。

① 连接:

把示波器的探头接至测量点(1)处。

② 观察:

观察并记录其波形(幅度、占空比及脉冲宽度),与计算值核对。

(2) 观察测量点(6)——分路抽样脉冲(1-1)信号。

① 连接:

把示波器的探头接至测量点(6)处。

② 观察:

观察并记录其波形(幅度、占空比及脉冲宽度),与计算值核对。

(3) 观察测量点(7)——分路抽样脉冲(2-1)信号。

① 连接:

把示波器的探头接至测量点(7)处。

② 观察:

观察并记录其波形(幅度、占空比及脉冲宽度),与计算值核对。

(4) 同时观察测量点(6)——分路抽样脉冲(1-1)信号和测量点(7)——分路抽样脉冲(2-1)信号。

① 连接:

把双踪示波器的一路接至测量点(7)处,把另一路接至测量点(6)处,调节示波器使两路信号同时显示,并调整好两路信号的上下位置和垂直、水平偏转系数。

② 观察:

观察并记录其波形(幅度、占空比及脉冲宽度)及两路信号在时间上的间隔,比较两者的区别。

3) 验证抽样定理

(1) 观察抽样后形成的 PAM 信号及经过低通滤波器和放大器的解调信号。

① 连接:

a. 用连接线连接插孔(8)和插孔(14)。

b. 把低频信号发生器输出接至插孔(4)处,输入正弦信号,其频率 $f_s \approx 1\ kHz$,幅度约为 2 V(峰峰值)。

c. 把双踪示波器的一路接至测量点(4),调节示波器使两路信号同时显示,用测量点(4)作同步信号并调整好两路信号的上下位置和垂直、水平偏转系数。

② 观察:

a. 测量低频信号发生器输入信号的频率,观察并记录测量点(4)的波形(频率、幅度)

b. 观察抽样后形成的 PAM 信号,把示波器的另一路接至测量点(8)处,把低频信号发生器输入信号调整到一合适的频率上,仔细调整示波器的触发电平,使测量点(8)的信号在示波器上显示稳定,观察并记录其波形(频率、幅度),计算在一个信号周期内的抽样次数,核对抽样次数和输入信号频率与抽样频率比例的关系。

c. 观察经过低通滤波器和放大器的解调信号,把示波器的另一路改接至测量点(15)处,观察并记录其波形(频率、幅度),确定其与输入信号的关系。

(2) 改变频率 f_s,令 f_s 等于 6 kHz,重复第(1)项的内容。

(3) 改变频率 f_s,令 f_s 等于 8 kHz,重复第(1)项的内容,分析上述三次实验现象。

4) PAM 信号的形成和解调

(1) 连接:

① 断开前一步实验中的所有连接线,用连接线连接插孔(2)和插孔(12)、插孔(8)和插孔(11)、插孔(13)和插孔(14)。

② 把低频信号发生器输出接至插孔(4)处,输入正弦信号,其频率 $f_s \approx 2$ kHz,幅度约为 1.5 V(峰峰值)。

③ 把双踪示波器的一路接至测量点(4)处,调节示波器使两路信号同时显示,用测量点(4)作同步信号并调整好两个信号的上下位置和垂直、水平偏转系数。

(2) 观察:

① 观察单路 PAM 信号,把示波器的另一路接至测量点(8)处,观察并记录其波形(频率、幅度)。

② 观察选通后的单路解调展宽信号,把示波器的另一路改接至测量点(13)处,观察并读出 τ 的宽度,记录其波形(频率、幅度)。

③ 观察经低通滤波器放大后的音频信号,把示波器的另一路改接至测量点(15)处,观察并记录其波形(频率、幅度)。

④ 保持输入信号的幅度,改变输入正弦信号的频率($f_{max} \leqslant 3.4$ kHz),在测量点(15)处测量整个 PAM 系统的频率特性。

5) 多路脉冲调幅(PAM 信号的形成和解调)

(1) 连接:

① 断开前一步实验中的所有连接线,用连接线连接(接入分路选通脉冲(2-2)——插孔(3)):插孔(2)和插孔(12)(如果在插孔(4)输入模拟信号)或插孔(3)和插孔(12)(如果在插孔(5)输入模拟信号)、插孔(8)和插孔(11)、插孔(13)和插孔(14)。

② 把低频信号发生器输出接至插孔(4)(或插孔(5))处,输入正弦信号,其频率 $f_s \approx 2$ kHz,幅度约为 1.5 V(峰峰值)。

③ 把双踪示波器的一路接至测量点(4)(或测量点(5))处,把示波器的另一路接至测量点(15)处,调节示波器使两路信号同时显示,用测量点(4)(或测量点(5))作同步信号并调整好两路信号的上、下位置和垂直、水平偏转系数。

(2) 观察:

① 令插孔(4)输入模拟信号,并调整相应接线及设置,观察并记录测量点(15)处的波形(频率、幅度)。

② 令插孔(5)输入模拟信号,并调整相应接线及设置,观察并记录测量点(15)处的波形(频率、幅度)。

6) 多路 PAM 系统中的路际串话现象

(1) 连接:

① 断开前一步实验中的所有连接线,用连接线连接(接入分路选通脉冲(2-2)——插孔(3)):插孔(3)和插孔(12)、插孔(8)和插孔(11)、插孔(13)和插孔(14)。

② 把低频信号发生器输出接至插孔(4)处,输入正弦信号,其频率 $f_s < 3$ kHz,幅度约为 1.5 V(峰峰值)。

③ 把双踪示波器的一路接至测量点(4)处,把示波器的另一路接至测量点(15)

处,调节示波器使两路信号同时显示,用测量点(4)作同步信号并调整好两路信号的上、下位置和垂直、水平偏转系数。

(2) 观察:

① 观察并记录第一路串入第二路的串扰信号(测量点(15)处)的波形(频率、幅度)。

② 改接连接线:插孔(8)改接到插孔(9),插孔(10)改接插到孔(11),把开关 K 置于电容 C_{11}(用短路子连接三个插针中的左边两个)处,观察并记录第一路串入第二路的串扰信号(测量点(15)处)的波形(频率、幅度)。

③ 保持连接线状态不变,把开关 K 置于电容 C_{12}(用短路子连接三个插针中的右边两个)处,观察并记录第一路串入第二路的串扰信号(测量点(15)处)的波形(频率、幅度)。

④ 比较上述三次实验的结果并分析实验现象。

2.4.6 实验报告

(1) 整理实验数据,画出相应的曲线和波形。

(2) 根据实验结果记录并绘制不同频率的信号(输入信号频率分别为 $f < 4\ kHz$ 和 $f > 4\ kHz$ 的音频信号)经抽样后形成的 PAM 信号,及 PAM 信号经低通滤波器后产生的音频信号,分析并判断解调信号与原始信号的对应关系。

(3) 根据实验记录分析时分多路 PAM 系统中的串话现象。

(4) 本实验在测量点(8)和测量点(13)得到的是哪一类抽样波形? 从理论上对理想抽样、自然抽样和平顶抽样进行对比和说明。

(5) 对实验内容 3)进行讨论。当 $2f_s > f_H$ 和 $2f_s < f_H$ 时,低通滤波器输出的波形是什么? 试总结一般规律。

(6) 实验内容 5)中的(2),(3),(4)项内容有什么区别? 分析影响串话的主要因素。根据本实验电路的元件数据计算信道上的截止频率。

(7) 通过本实验还有什么收获和体会?

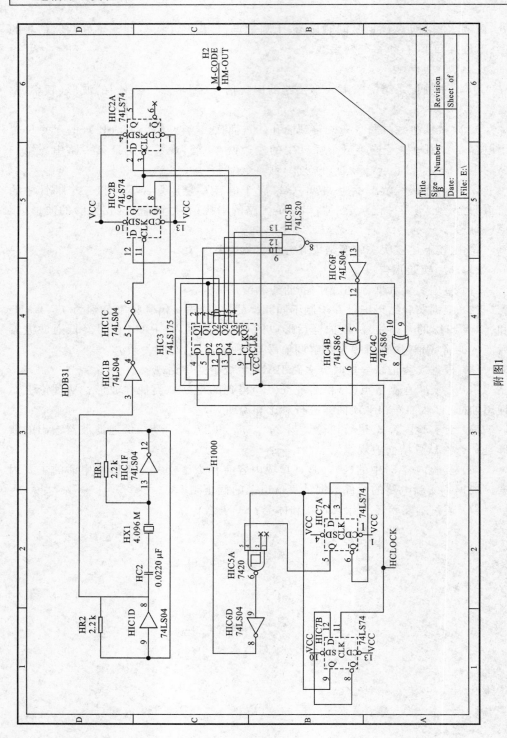

附图1

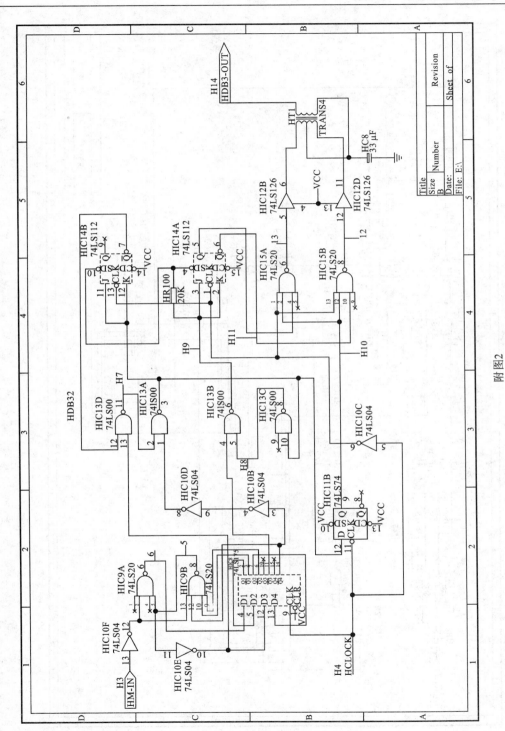

附图2

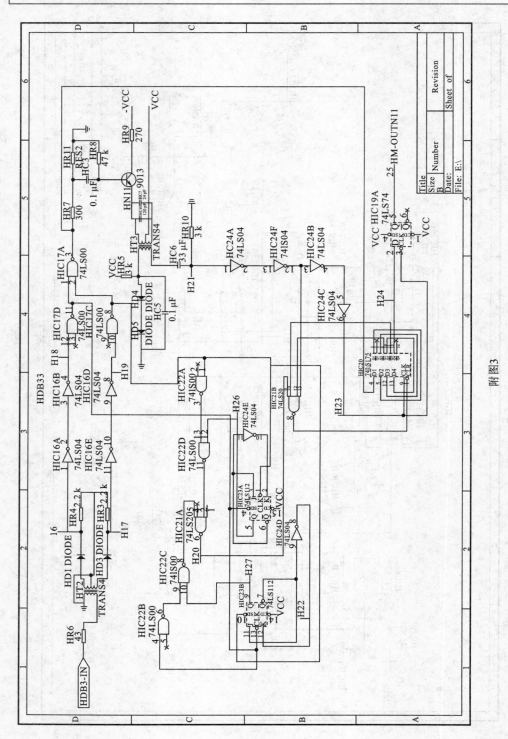

附图3

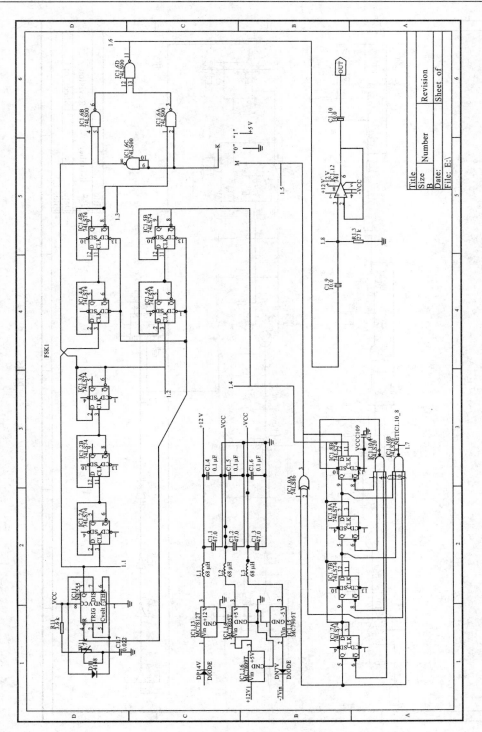

附图 4

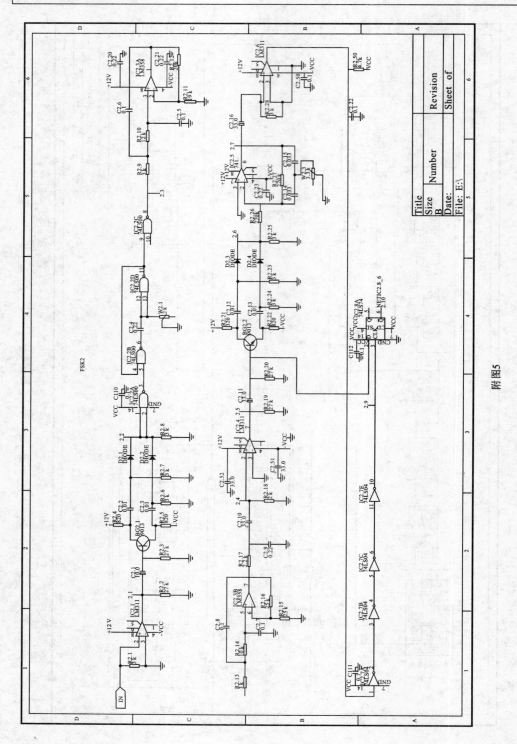

附图5

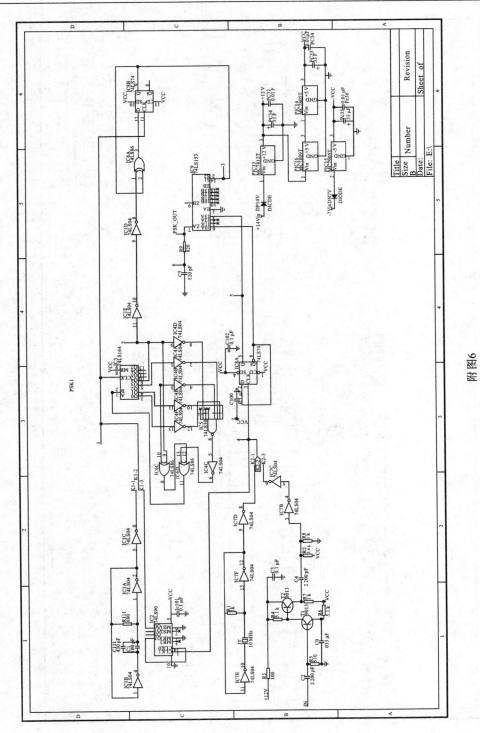

附图6

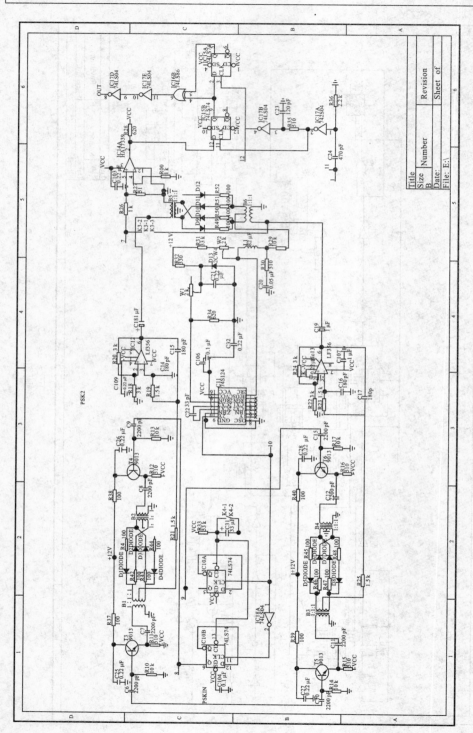

附图7

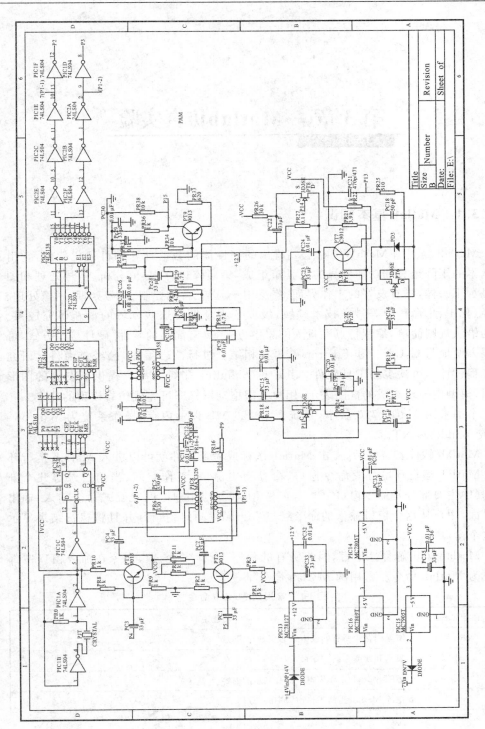

附图8

第3章 Matlab仿真实验

3.1 Matlab 基本知识

Matlab 是美国 MathWorks 公司推出的高性能的数值计算和可视化软件,它由最基本的矩阵运算和功能各异的工具箱组成,集矩阵运算、数值分析、信号处理和图形显示于一体,具有友好的工作界面,广泛用于通信、自动控制、信号处理、图像处理、财经、化工、生命科学等科学技术领域,汲取了当今世界这些领域的最新研究成果。它的语法规则简单,编程特点贴近人的思维方式,具有简洁的软件、硬件接口方式,可以很方便地与 C,C++和 Fortran 等语言相结合进行混合编程,已经成为科学研究和工程设计不可缺少的工具软件。其中的 Simulink 平台为用户提供了友好的图形界面,模型由模块组成的框图表示,用户只需拖动鼠标即可完成仿真模型的建立。

本书采用 Matlab7.0 版本,系统要求 256 MB 以上内存,操作系统为 Windows 9x 或 Windows NT。

Matlab 软件安装完后,点击 Matlab 图标或命令文件就可以进入 Matlab 运行环境。Matlab 运行环境分成命令窗口、命令历史窗口、工作空间、当前目录等几个部分,其中主要部分是命令窗口"≫",它是 Matlab 与用户之间交互式命令输入、输出的界面,用户从这个窗口输入的命令经过 Matlab 解释后执行,并且将执行结果显示在这个窗口中。

Matlab 采用解释性语言,因此所有的程序、子程序、函数、命令在命令窗口中都被视为 Matlab 命令。常用的 Matlab 命令见表 3-1。

表 3-1　常用的 Matlab 命令

命令名称	功能说明
clear	清除内存中所有的或指定的变量和函数
cd	显示和改变当前工作目录
clc	擦除 Matlab 工作窗口中所有显示的内容
clf	擦除 Matlab 当前工作窗口中的图形

命令名称	功能说明
dir	列出当前或指定目录下的子目录和文件清单
disp	在运行中显示变量或文字内容
echo	控制运行的文字命令是否显示
hold	控制当前的图形窗口对象是否被刷新
home	擦除命令窗口中所有显示的内容,并把光标移到命令窗口左上角
pack	收集内存碎片以扩大内存空间
quit	关闭并退出 Matlab
type	显示所指定文件的全部内容
exit	退出 Matlab

　　Matlab 是基于矩阵/数组运算的高级语言,具备完整的流程控制语句、函数、数据结构等,并具有面向对象的程序设计特性。它的工作环境集成了许多工具和程序,具备管理工作空间及输入、输出数据功能,可为用户提供不同的工具来开发、调试、管理应用程序。Matlab 提供了具有丰富帮助信息的帮助系统。用户有多种方法可获得帮助:① 利用界面功能菜单中的 Help;② 直接输入 help 或 help＋所要查询的指令名;③ 当不能确定函数所属归类及不知道准确名称时,用 lookfor 查找命令。这里简单介绍 Matlab 的使用,更详细的内容可以参考相关书籍和联机帮助手册。

　　M 文件是由 Matlab 语句构成的 ASCII 码文件,用户可以用普通的文本编辑器把一系列 Matlab 语句写进一个文件里,给定文件名,确定文件的扩展名为.m,并存储。

　　M 文件分为两种:

　　(1) 脚本文件(Scripts):也称命令文件,是用户为解决特定的问题而编制的.m文件。

　　(2) 函数文件(Function):子程序,可由用户编写,但它必须由其他.m 文件来调用。

　　Matlab 自带一个 M 文件编辑/调试器来创建和编辑 M 文件,即 Matlab 上的程序设计。在 Matlab 命令窗口直接键入命令 edit,就会打开编辑器编辑 m 文件。

　　【例 3-1】　在(0,2π)范围内绘制函数的曲线图

　　先创建一个 curve.m 的脚本文件如下:

　　t＝[0:0.05:2*pi];　　%在(0,2π)范围内按等步长 0.05 生成行向量 t

　　y＝sin(t.^2);　　　　%计算向量 y 的值

　　plot(t,y)　　　　　%绘制二维曲线图

　　写好上述程序后可在命令窗口下键入 curve,即可执行已建立的 curve.m 文件。

函数文件：M 文件的第一行包含 function。

功能：建立一个函数，可以同 Matlab 的库函数一样使用。

【例 3-2】 建立函数文件求圆面积。

function[area, volume]＝circle_fun(r)   ％ r 为圆半径

area＝pi＊r^2;   ％ area 返回面积值

volume＝(4/3)＊pi＊r^3;   ％ volume 返回体积值

保存为 circle_fun. m 函数 m 文件

＞＞r＝5;   ％输入 r 值

＞＞[area, volume]＝circle_fun(r)   ％调用函数 circle_fun

【例 3-3】 编一个绘制如图 3-1 所示波形的函数 $y=1-|t|,|t|\leqslant 1$。

％在文本编辑窗口输入

function y＝tri(t)

％ 函数名 tri

％ t 为横坐标

％ y 为纵坐标

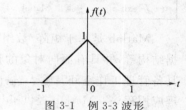

图 3-1 例 3-3 波形

y＝[abs(t)＜＝1]. ＊(1－abs(t));

％调用函数 tri,并画出它的波形

t＝－2：0.05：2;   ％定义自变量

plot(t,tri(t));

axis([－1.5,1.5,－0.5,1.5])

下面介绍一些基本的 Matlab 语法与变量的存储、赋值方法。

3.1.1 Matlab 基本语法

1) 变量赋值与存储方式

Matlab 运算的基本单元是实数或复数元素组成的长方形矩阵。标量和向量是特殊的矩阵，标量为 1×1 阶矩阵，而向量是只有一行或一列的矩阵。从矩阵角度看，Matlab 中的运算和命令趋于自然表达形式。

Matlab 语言最基本的赋值语句结构为：变量＝表达式。表达式由操作符或其他字符、函数和变量名组成。表达式的结果为一个矩阵，显示在屏幕上，同时输送到一个变量(ans 为默认)中并存放于 Workspace 工作空间以备调用。

标量：如 a＝1。

向量：如 a＝[2 4 6 8 10]，a＝2：2：10。

矩阵：输入简单矩阵的最简单的方法是采用直接输入法。直接输入的元素用空格或逗号隔开，用";"表示一行的结束，并用中括号[ ]将所有元素括起来以形成矩阵。例如，A＝[1,2,3;4,5,6;7,8,9]，其结果相当于以下矩阵：

$$A = \begin{bmatrix} 1 & 2 & 3 \\ 4 & 5 & 6 \\ 7 & 8 & 9 \end{bmatrix}$$

Matlab 中矩阵的存储是按列存储的。

2）程序控制语句

像许多计算机语言一样，Matlab 也有控制流语句。控制流语句使 Matlab 脱离了仅限于简单计算的水平，使它成为完全高水平的矩阵运算语言。Matlab 程序的控制结构有顺序结构、选择结构和循环结构三种，其控制语句主要有 if，while，for，switch 四个，下面分别进行介绍。

（1）条件语句（if—else 语句和 switch—case 语句）。

① 条件语句。

if 条件式 1

　　语句组 1

elseif 条件式 2

　　语句组 2

else

　　语句组 3

end

【例 3-4】　建立符号函数 sign(x)。

x＝input(' x＝')；

if x＞0

　sn＝1；

elseif x＝＝0

　sn＝0；

else

　sn＝－1；

end

fprintf(' x＝％.5f, sn＝％.0f \n',x,sn)；

② switch 分支结构。

switch 分支条件（数值或字符串）

　　case 常量表达式 1

　　＜语句组 1＞

　　case 常量表达式 2

　　＜语句组 2＞

　　…

```
    case 常量表达式 n
        <语句组 n>
    otherwise                %可省略
        <语句组 n+1>
end
```

【例 3-5】 对已知学生成绩进行归类。

```
Mark=[72,94.4,99];
Rank=zeros(1,3);
for i=1：3
  switch Mark(i)>=90
    case 1
        Rank(i)='A';
    otherwise
        Rank(i)='E';
    end
end
disp(['得分','等级']);
for i=1：3
disp([num2str(Mark(i)),...
        blanks(12),Rank(i)]);
end
```

(2) 循环语句(for 语句和 while 语句)。

for 语句多用在已知循环次数的情况下,而 while 语句则多用在不能判定循环次数的情况下。

两循环的比较如下:

```
for 变量=表达式                    while 条件式
    …;                              …;
end                                end
```

① for 循环。

```
for i=1：5;
    x(i)= 2 * i;
end
```

循环可以嵌套,如:

```
for i=1：5;
    for j=1：3
```

```
        x(i, j)= i * j;
    end
end
```

② while 循环语句。

允许一个语句或一组语句在逻辑条件控制下重复一个不确定的次数。

【例 3-6】 求 1~100 的偶数和。

```
x=0;
sum=0;
while x<101
  sum=sum+x;
  x=x+2;
end
sum
```

3) 辅助语句

（1）continue 命令。

continue 语句通常用于 for 或 while 循环体中,作用是终止一次循环的执行。当 if 条件满足时,跳过本次循环未执行的语句,直接去执行下一次循环。

（2）break 语句。

break 语句也常用于 for 或 while 循环体中,与 if 一同使用,当 if 后的表达式为真时,就跳出当前的循环,循环过程的终止由 break 来完成。

例如:

```
a=3;b=6;              a=3;b=6;
for i=1:3             for i=1:3
b=b+1                 b=b+1
if i<2                if i<2
    continue              break
end                   end
a=a+2                 a=a+2
end                   end
```

```
输出:b=7              输出:b=7
    b=8
    a=5
    b=9
    a=7
```

（3）keyboard 命令。

在 M 文件中选定的位置置入 keyboard 命令，以便将临时控制权交给键盘。这样做以后，函数工作区就可以进行查询，并且可以根据需要改变变量的值。

在键盘提示符下输入 return 命令就可以恢复函数执行，即在 k≫下输入 return 就可以了。

【例 3-7】 pause 命令及 keyboard 命令举例。

```
clc,clear
a＝4;b＝6;
disp('暂停,请按任意键继续')
pause                    ％ 暂停,直到用户按任意键
c＝a^9＋b^7;
keyboard
％ 暂时把控制权交给键盘(在命令窗口中出现 k 提示符 k≫)
％ 输入 return,回车后退出,继续执行下面的语句。
```

3.1.2 常用的 Matlab 函数

常用的 Matlab 函数见表 3-2 到表 3-6。

表 3-2 基本数学函数

函数名	注　释	函数名	注　释
sin	正　弦	real	实　部
cos	余　弦	imag	虚　部
tan	正　切	conj	复数共轭
asin	反正弦	fix	取整数
acos	反余弦	round	取最靠近的整数
atan	反正切	sign	符号函数
abs	绝对值或复数求模	rem	余　数
sqrt	开平方	bi2de	二进制到十进制整数的转换
exp	以 e 为底的指数	de2bi	十进制数到二进制数的转换
log10	以 10 为底的指数		

表 3-3 通信系统

函数名	注　释	函数名	注　释
biterr	误比特数及误比特率计算	ademod	模拟解调(通带处理)
eyescat	眼图或散布图	ademodce	模拟解调(基带处理)
randbit	产生随机 0,1 矢量	amod	模拟调制(通带处理)

续表

函数名	注 释	函数名	注 释
randint	均匀分布的随机整数产生器	amodce	模拟调制（基带处理）
symerr	误符号数和误符号率	ddemod	数字解调（通带处理）
compand	μ 律或 A 律压扩计算	ddemodce	数字解调（基带处理）
dpcmdeco	差分脉码调制译码	dmod	数字调制（通带处理）
dpcmenco	差分脉码调制编码	dmodce	数字调制（基带处理）
quantiz	产生量化序号和量化值		

表 3-4　信号处理

函数名	注 释	函数名	注 释
fft	快速傅里叶变换	xcorr	互相关函数
ifftfft	逆变换	cov	协方差
filter	直接滤波	fft2	二维 FFT
freqz	频率响应的 Z 变换	ifft2	二维 FFT 逆变换
freqs	频率响应的拉氏变换	xcorr2	二维互相关函数
conv	卷积	conv2	二维卷积
deconv	反卷积		

表 3-5　绘图

函数名	注 释	函数名	注 释
plot	X-Y 方向绘图	bar	直方图
loglog	X-Y 方向的双对数绘图	title	图形标题
semilogx	X 方向的半对数绘图（X 轴取对数）	xlabel	为 X 轴加标注
semilogy	Y 方向的半对数绘图（Y 轴取对数）	ylabel	为 Y 轴加标注
polar	极坐标绘图	text	标注数据点
mesh	三维网状曲面图形	grid	画坐标线

表 3-6　几个常用矩阵命令

函数名	注 释	函数名	注 释
eye(n,m)	生成 $n \times m$ 单位矩阵	size(A)	检查矩阵 A 的维数
zeros(n,m)	生成 $n \times m$ 的零矩阵	length(A)	检查矩阵 A 的长度
ones(n,m)	生成 $n \times m$ 各个元素都为 1 的矩阵		
diag([a1,a2,…,an])	生成以 $a1,a2,\cdots,an$ 为对角元的对角矩阵		

3.1.3 Matlab 矩阵基本操作

A＝[1 2 3;4 5 6;7 8 9]

B＝[2 4 6;1 3 5;7 9 10]

(1) 矩阵的加、减(＋,－)法:A＋B,A－B。

(2) 矩阵的乘法:

＞＞C＝A＊B

C＝

25	37	46
55	85	109
85	133	172

(3) 两个矩阵中相应元素相乘的运算用 A.＊B 表示。

C＝

2	8	18
4	15	30
49	72	90

(4) 矩阵除法:A./B＝B.\A,都是 A 的元素除以 B 的对应元素。斜线上方的数为被除数,反斜线下方的数为被除数。

(5) 绝对值函数 abs(A):得到矩阵 A 中每个实数元素的绝对值,复数元素的模。

(6) 相位角函数 angle(A):得到矩阵 A 中每个元素的相位角。得到的相位角用弧度表示,范围在－3.141 6～3.141 6 之间。

(7) 求复数的实部 real(A)和虚部 imag(A):两个函数求得矩阵 A 中每个元素的实部和虚部,产生与 A 维数相同的矩阵。

(8) 求复数共轭的函数 conj(A):求得矩阵 A 中每个元素的共轭,产生与 A 维数相同的数组。

conj(A)＝real(A)－i＊imag(A)

(9) sqrt(A):求得矩阵 A 中每个元素的平方根,产生与 A 维数相同的矩阵。

注意:每个函数对其自变量的个数和格式都有一定的要求,如使用三角函数时要注意角度的单位是"弧度"而不是"度"。

例如,x＝－3.5°,其弧度表示为:

x＝pi/180＊(－3.5)%将角度单位由度转换为数学函数所能处理的弧度值

(10) 四舍五入取整:

round(A)   %将矩阵 A 中的元素按最近的整数取整,即四舍五入取整

(11) 按离 0 近的方向取整:

fix(A)   %将矩阵 A 中元素按离 0 近的方向取整

（12）floor(x)，表示向负无穷方向取整，即不足取整。

（13）ceil(x)，表示向正无穷方向取整，即过剩取整。

（14）sign(x)，表示求矩阵中元素的正、负号，返回 1，0，−1 三个值。

（15）all 函数：当所有向量元素（对于矩阵来说则指列向量）非零时，输出为 1，否则输出为 0。

（16）any 函数：当向量中有非零元素（对于矩阵来说则指列向量）时，输出为 1，否则输出为 0。

（17）元素检索函数：find。

x＝find(a)	％ 产生 a 中非零元素的索引值，没有则生成空矩 ％ 阵
x＝find(a＝＝k)	％ 产生 a 中等于 k 的元素的索引值，没有则生 ％ 成空矩阵
[i,j]＝find(a)	％ 产生 a 中非零元素的行列位置
[i,j]＝find(a＝＝k)	％ 产生 a 中等于 k 的元素的行列位置，没有则生 ％ 成空矩阵
[i,j,v]＝find(a)	％ 产生 a 中非零元素的行列位置，并由 v 列出各 ％ 非零元素的值

（18）矩阵的变维：reshape。

```
>>a＝−4:4          ％ 产生一维数组
a =
  −4  −3  −2  −1  0  1  2  3  4
>>A＝reshape(a,3,3)    ％ 注意元素个数不能变
  ％ 把一维数组 a 重排成 3×3 矩阵
A =
  −4  −1  2
  −3   0  3
  −2   1  4
```

（19）矩阵的变向：rot90 表示旋转，fliplr 表示左右翻，flipud 表示上下翻。

（20）矩阵的抽取：

① diag 表示抽取矩阵主对角线，或以向量为主对角。

```
D =
  1  4  6
  2  1  7
  3  5  1
diag(diag(D))     ％ 内 diag 取 D 的对角元素，外 diag 利用向量生成对角阵
```

```
ans =
    1        0        0
    0        1        0
    0        0        1
```

② tril 表示抽取主下三角,triu 表示抽取主上三角。

```
>>a=[1 2 3;4 5 6;7 8 9]
>>b=tril(a),c=triu(a)
b=
    1        0        0
    4        5        0
    7        8        9
c=
    1        2        3
    0        5        6
    0        0        9
```

【例 3-8】 矩阵转置、对称交换和旋转操作结果的比较。

```
>>A=[-4 -1 2;-3 0 3;-2 1 4]
A=
   -4       -1        2
   -3        0        3
   -2        1        4

>>A'                  % 转置
ans=
   -4       -3       -2
   -1        0        1
    2        3        4

>>rot90(A)            % 逆时针旋转 90 度
ans=
    2        3        4
   -1        0        1
   -4       -3       -2

>>fliplr(A)           % 左右对称交换
ans=
    2       -1       -4
    3        0       -3
    4        1       -2
```

```
>>rot90(A,3)        % 逆时针旋转 270 度
ans=
-2    -3    -4
1     0     -1
4     3     2
```

3.1.4 常用信号的 Matlab 实现

【例 3-9】 产生一个幅度为 1,基频为 4 Hz,占空比为 20%的周期方波(见图 3-2)。

```
A=1;f=4;
w=2 * pi * f;T=1/f;
t=0:0.001:10 * T;
y=A * square(w * t,20);
plot(t,y);
xlabel('Time(s)');
title('square wave '占空比 20%)
axis([0,2.6,-1.5,1.5])
```

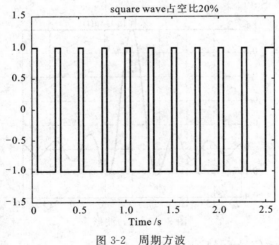

图 3-2　周期方波

【例 3-10】 产生幅度为 1,门度为 w,以 $t=0$ 对称的矩形脉冲信号,w 缺省值为 1。

```
t=-4:0.001:4;
ft=rectpuls(t);
% ft=[t>=-1&t<=1];
% ft=((t>=-1)-(t<=1));
```

```
plot(t,ft)
axis([-4,4,-0.5,1.5])
```

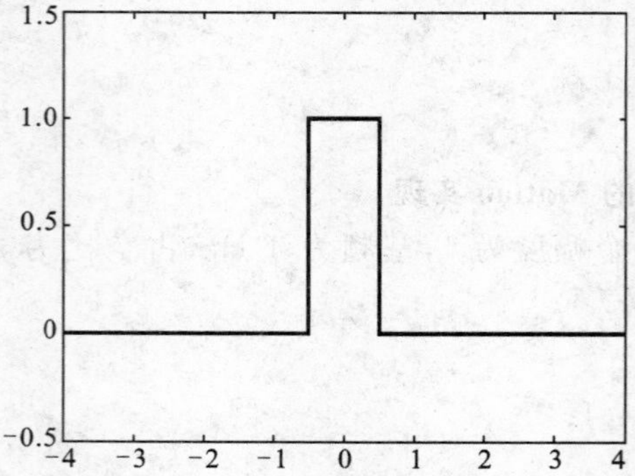

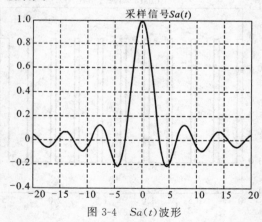

图 3-3   矩形脉冲信号

【例 3-11】   抽样函数 $Sa(t)$ 在 Matlab 中用 sinc 函数表示,画出 $Sa(t)$ 抽样信号。

```
t=-20:0.2:20;
y=sinc(t/pi);
plot(t,y)
title('采样信号 Sa(t)')
```

图 3-4 $Sa(t)$ 波形

【例 3-12】   冲激信号的 Matlab 实现。

$$X_1(t) = \begin{cases} \dfrac{1}{\mathrm{d}t} & t_1 < t < t_1 + \mathrm{d}t \\ 0 & \text{其他} \end{cases} \quad \text{表示在 } t = t_1 \text{ 处的冲激。}$$

```
clc,clear
dt=0.001
t=-5:dt:5;
delta=(t==0)*1/dt;
```

```
%delta=(t==0)*1/eps;
%在t=0处的冲激
plot(t,delta)
axis([min(t),max(t),min(delta)-0.1,max(delta)])
grid
```

【例 3-13】 画出单极性非归零码传输码型的示意图。

```
% 输入二进制 0,1 码的个数。
N=input('请输入所要传输的二进制 0,1 序列个数 N=')
data=randint(1,N);              %产生 N 个 0,1 码作为信源
sam_num=300;                    %给出每一个码元的采样点数
% 求信源的二进制单极性序列的输出序列 y_data
snrz(data,sam_num);
% 求信源的二进制单极性序列的输出序列的函数文件 snrz.m
function snrz(data,sam_num)
t=0:1/sam_num:length(data);     %data 为所传输的二进制信源
for i=1:length(data);           %计算码元的值
  if(data(i)==1);               %如果信息为 1
%单极性码到双极性的转换,单极性码元为 1 时,转换为双极性为 1,datax 为双
%极性码
%        datax(i)=1;
    for j=1:sam_num;            %采样点为 300,该码元对应的点值取 1
    y_data((i-1)*sam_num+j)=1;    %y_data 为单极性码的采样值
    end
  else
%单极性码到双极性的转换,单极性码元为 0 时,转换为双极性为-1
%        datax(i)=-1;
    for j=1:sam_num;          %反之,一个码元采样点为 300 信息为 0,码元对应
                             %点值取 0
    y_data((i-1)*sam_num+j)=0;
    end
  end
end
%为了画图,注意要将 y 序列加上最后一位,满足 t 与 y_data 的数量匹配
y_data=[y_data,data(i)];
%        M=max(y_data);m=min(y_data);
plot(t,y_data);             %画图操作实现二进制单极性码序列的波形
```

```
grid on;                    %显示单元格
zoom xon;                   %允许 x 轴放大
axis([0,length(data),0-0.2,1+0.2]);        %规定所画图示的坐标
% axis([0,length(data),m-0.2,M+0.2]);
xlabel('输入的二进制信息序列');
title('单极性非归零码');
for i=1:length(data);
```
%判定给出显示二元单极性信息的条件,在每个码元采样点中间的位置显示信
%息 1 或者 0
%用 text 命令在规定的位置来实现标记出各码元对应的二元信息
```
  if( y_data((i-1) * sam_num+150)==1)
    text((2 * i-1)/2,-0.1,'1','FontWeight','bold','FontSize',14)
  else text((2 * i-1)/2,-0.1,'0','FontWeight','bold','FontSize',14)
  end
end
```

3.2 高斯分布随机变量的产生

3.2.1 实验目的
通过实验掌握高斯分布随机变量的产生方法。

3.2.2 实验原理
由概率论知道,具有概率分布函数为:

$$F(R) = \begin{cases} 0 & R < 0 \\ 1 - e^{-R^2/(2\sigma^2)} & R \geqslant 0 \end{cases} \tag{3-1}$$

的瑞利分布随机变量 R 与一对高斯随机变量 C 和 D 是通过如下变换关联的。

$$C = R\cos\Theta \tag{3-2}$$

$$D = R\sin\Theta \tag{3-3}$$

这里 Θ 是 $(0,2\pi)$ 内的均匀分布变量,参数 σ^2 是 C 和 D 的方差。因为式(3-1)容易求得逆函数,所以有:

$$F(R) = 1 - e^{-R^2/(2\sigma^2)} = A \tag{3-4}$$

并且有:

$$R = \sqrt{2\sigma^2 \ln\left(\frac{1}{1-A}\right)} \tag{3-5}$$

其中,A 是在 $(0,1)$ 内均匀分布的随机变量。

现在,如果产生了第二个均匀分布的随机变量 B,而且定义 $\Theta = 2\pi B$,那么从式(3-2)和式(3-3)可以求得两个统计独立的高斯分布随机变量 C 和 D。

上述方法常被作为产生高斯分布的随机变量。如果高斯随机变量均值非零,那么加一个均值将变量 C 和 D 进行转换即可。

3.2.3　实验内容

用上述方法产生两个统计独立的高斯分布的随机变量,均值为 m,方差为 sgma。

3.3　窄带高斯过程

3.3.1　实验目的

(1) 通过实验掌握窄带平稳随机过程原理。

(2) 通过实验掌握窄带高斯过程原理及产生方法。

3.3.2　实验原理

这里将窄带平稳随机过程定义为信号功率谱密度是一个带通型且带宽远小于中心频率的随机过程,通常窄带平稳随机过程 $X(t)$ 可以展开成如下形式:

$$X(t) = X_c(t)\cos 2\pi f_c t - X_s(t)\sin 2\pi f_c t = \mathrm{Re}[X_1(t)\mathrm{e}^{\mathrm{j}2\pi f_c t}] \qquad (3\text{-}6)$$

其中,$X_1(t) = X_c(t) + \mathrm{j}X_s(t)$ 是等效基带信号;$X_c(t)$,$X_s(t)$ 分别是平稳随机过程,其功率谱密度是基带型的。一个典型的窄带随机过程是高斯白噪声经过带通系统的输出。可以证明,窄带平稳过程具有如下性质:

(1) 如果 $X(t)$ 平稳,则 $X_c(t)$,$X_s(t)$ 也平稳。

(2) 如果 $E[X(t)] = 0$,则 $E[X_s(t)] = E[X_s(t)] = 0$。

(3) 如果 $X(t)$ 是高斯平稳且均值为 0,则 $X_c(t)$,$X_s(t)$ 相互正交,且功率与 $X(t)$ 相同。

3.3.3　实验内容

高斯白噪声是一个功率谱密度为常数,且各时刻满足高斯分布的随机过程。设高斯白噪声的双边功率谱密度为 $N_0/2$,现将高斯白噪声经过一个中心频率为 f_c、带宽为 B 的带通滤波器,得到的输出信号即为窄带随机过程。

(1) 用 Matlab 产生高斯平稳窄带随机过程,$f_c = 10\,\mathrm{Hz}$,$B = 1\,\mathrm{Hz}$,$N_0 = 1\,\mathrm{W/Hz}$。

(2) 画出窄带高斯过程的等效基带信号。

(3) 求出窄带高斯过程的功率,等效基带信号的实部功率、虚部功率。

3.4　多径传播

3.4.1　实验目的

通过实验掌握多径传播、信道的频率选择性、相干带宽等概念,理解多径信道对信号传输的影响。

3.4.2　实验原理

多径信道指信号传输的路径不止一条,接收端同时收到来自多条传输路径的信号,这些信号可能同向相加或反向相消。由于各径时延差不同,每径信号的衰减不同,因此数字信号经过多径信号后有码间干扰。通常情况下,如果信号的码元间隔远大于多径间的最大时延差,则信号经过多径后不会产生严重的码间干扰;相反,如果信号码元间隔与多径间的时延差可比,则信号经过多径传输后会产生严重的码间干扰,此时接收端需要考虑采用均衡和其他消除码间干扰的方法才能正确接收信号。

由于是多径,信道幅频特性不为常数,对某些频率产生的衰减较大,对某些频率产生的衰减较小,即信道具有频率选择性。当输入信号的带宽远小于信道带宽(第一个零点带宽)时,信道对输入信号的所有频率分量的衰减几乎相同,这种情况下信号经历平坦性衰减;当输入信号的带宽与信道带宽可比时,信号各频率分量经过信道的衰减不同,即信号经过了频率选择性的衰减。多径传播时,每两径之间都有时延差 $\Delta\tau$,记其中最大的时延差为 τ_m,其倒数称为信道的相干带宽 B, $B=\dfrac{1}{\tau_m}$,设输入信号的码元间隔为 T_s,当 $BT_s \gg 1$ 时,信号的衰减是平坦的;反之,信号的衰减是频率选择性的。

数字信号经过多径非时变信道后,输出信号为:

$$s(t) = \sum_{i=1}^{L} \mu_i b(t - \tau_i) \tag{3-7}$$

从频域观点看,有:

$$S(f) = B(f)\left(\sum_{i=1}^{L} \mu_i e^{-j2\pi f \tau_i}\right) = B(f)H(f) \tag{3-8}$$

3.4.3 实验内容

设三径信道 $\mu_1 = 0.5$, $\mu_2 = 0.707$, $\mu_3 = 0.5$, $\tau_1 = 0$ s, $\tau_2 = 1$ s, $\tau_3 = 2$ s。

(1) 用 Matlab 画出信道的幅频响应特性和相频响应特性。

(2) 设信道输入信号为 $b(t) = \sum_n a_n g(t - nT_s)$,其中 $g(t) = \begin{cases} 1 & 0 \leqslant t < T_s \\ 0 & \text{其他} \end{cases}$,

$T_s = 1$, a_n 随机取 0 或 1,画出输出信号波形。

(3) 输入信号与(2)的形式相同,但 $T_s = 8$,画出输出信号波形。

3.4.4 思考题

(1) 从信道幅频、相频特性分析信道对输入信号的影响。

(2) 信道相干带宽是多少?

(3) 比较 $T_s = 1$ 时输入、输出信号的波形。比较 $T_s = 8$ 时输入、输出信号的波形。哪种情况下输出信号的失真较大,为什么?

3.5 模拟信号的幅度调制

3.5.1 实验目的

(1) 加深理解 DSB-SC,AM,SSB 三种调幅方法的调制和解调原理及实现方法。

(2) 通过实验观察信号的功率谱。

(3) 在信道中加入噪声，观察对输出信号的影响。

3.5.2 实验原理

(1) 双边带抑制载波调幅（DSB-SC）。

设均值为零的模拟基带信号为 $m(t)$，双边带抑制载波调幅（DSB-SC）信号为：

$$s(t) = m(t)\cos 2\pi f_c t \tag{3-9}$$

当 $m(t)$ 是随机信号时，其功率谱密度为：

$$P_s(f) = \frac{1}{4}\big[P_M(f - f_c) + P_M(f + f_c)\big] \tag{3-10}$$

当 $m(t)$ 是确知信号时，其频谱为：

$$S(f) = \frac{1}{2}\big[M(f - f_c) + M(f + f_c)\big] \tag{3-11}$$

其中，$P_M(f)$ 为 $m(t)$ 的功率谱密度；$M(f)$ 为 $m(t)$ 的频谱。由于 $m(t)$ 的均值为 0，因此调制后的信号不含离散的载波分量，若接收端能恢复出载波分量，则可以采用如下的相干解调：

$$r(t) = s(t)\cos 2\pi f_c t = m(t)\cos^2 2\pi f_c t = \frac{1}{2}m(t) + \frac{1}{2}m(t)\cos 4\pi f_c t \tag{3-12}$$

再用低通滤波器滤去高频分量，就恢复出了原始信息。

(2) 具有离散大载波的双边带调幅（AM）。

设模拟基带信号为 $m(t)$，调幅信号为 $s(t) = [A + m(t)]\cos 2\pi f_c t$，其中 A 为一个常数。可以将调幅信号看成一个余弦载波加抑制载波双边带调幅信号，当 $A > m(t)$ 时，称此调幅信号为欠调幅信号；当 $A < m(t)$ 时，称此调幅信号为过调幅信号。当 $m(t)$ 的频宽远小于载波频率时，欠调幅信号可以用包络检波的方式解调，而过调幅信号只能通过相干解调。

(3) 单边带调幅（SSB）。

模拟基带信号 $m(t)$ 经过双边带调制后，频谱被搬移到中心频率为 $\pm f_c$ 处，但从恢复原信号频谱的角度看，只要传输双边带信号的一半带宽就可以完全恢复出原信号的频谱。因此，单边带上边带信号可以表示为：

$$s(t) = \frac{1}{2}m(t)\cos 2\pi f_c t - \frac{1}{2}m(t)\sin 2\pi f_c t \tag{3-13}$$

同理，单边带下边带信号可以表示为：

$$s(t) = \frac{1}{2}m(t)\cos 2\pi f_c t + \frac{1}{2}m(t)\sin 2\pi f_c t \tag{3-14}$$

在接收端，可以通过相干解调方式对单边带信号进行解调。

3.5.3 实验内容

用 Matlab 产生一个频率为 1 Hz、功率为 1 W 的余弦信源，设载波频率为 10

Hz,试：

（1）画出 DSB 调制信号及其功率谱密度。

（2）将已调信号解调，在时域内将解调后的波形与原信号进行对比。

（3）画出 A＝2 的 AM 调制信号及其功率谱密度。

（4）画出 SSB 调制信号及其功率谱密度。

（5）在信道中各自加入经过带通滤波器后的窄带高斯白噪声，功率为 0.1 W，解调各个信号，并画出解调后的波形。

3.5.4　思考题

（1）对三种调制信号及其功率谱密度进行比较分析。

（2）在上述相干解调中，已假设本地振荡器的相位等于载波的相位，但如果它们之间存在某一个相移 ϕ，则解调过程会如何改变？

3.6　模拟信号的频率调制

3.6.1　实验目的

通过实验掌握模拟信号调频法的调制和解调原理及实现方法。

3.6.2　实验原理

无论是单边带、双边带还是残留边带调制方式，输入模拟基带信号改变的是正弦波的幅度。当载波的频率变化与输入基带信号幅度的变化呈线性关系时，就构成了调频信号。调频信号可以写成：

$$s(t) = A\cos\left[2\pi f_c t + 2\pi K_f \int_{-\infty}^{t} m(\tau)\mathrm{d}\tau\right] \tag{3-15}$$

该信号的瞬时相位为：

$$\Phi(t) = 2\pi f_c t + 2\pi K_f \int_{-\infty}^{t} m(\tau)\mathrm{d}\tau \tag{3-16}$$

瞬时频率为：

$$\frac{1}{2\pi}\frac{\mathrm{d}\Phi(t)}{\mathrm{d}t} = f_c + K_f m(t) \tag{3-17}$$

因此，调频信号的瞬时频率与输入信号呈线性关系，K_f 称为频率偏移常数。

调频信号的频谱与输入信号的频谱之间不再是频率搬移的关系，因此通常无法写出调频信号的频谱的明确表达式，但调频信号的 98% 功率带宽与调频指数和输入信号的带宽有关。调频指数定义为最大的频偏与输入信号带宽 f_m 的比值，即：

$$\beta_f = \frac{\Delta f_{\max}}{f_m} \tag{3-18}$$

调频信号的带宽可以根据经验公式——卡森公式近似计算：

$$B = 2\Delta f_{\max} + 2f_m = 2(\beta_f + 1)f_m \tag{3-19}$$

调频信号的解调方法有：鉴频法、基于锁相环的解调方法等。这里重点介绍鉴频法。图 3-5 所示为鉴频法的框图，其基本原理如下：

$$\frac{\mathrm{d}s(t)}{\mathrm{d}t} = -\left[2\pi f_c + 2\pi K_f m(t)\right]A\sin\left[2\pi f_c t + 2\pi K_f \int_{-\infty}^{t} m(\tau)\mathrm{d}\tau\right] \quad (3\text{-}20)$$

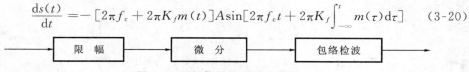

图 3-5　调频信号的鉴频法解调

经过微分后，信号的包络变化反映了输入信号的变化，因此通过包络检波器就可以直接恢复出输入信号。

3.6.3　实验内容

设输入信号为 $m(t) = \cos 2\pi t$，正弦载波的频率 $f_c = 10\ \mathrm{Hz}$，调频器的压控振荡系数为 $5\ \mathrm{Hz/V}$，载波平均功率为 $1\ \mathrm{W}$。

（1）画出该调频信号的波形。

（2）求出该调频信号的振幅谱。

（3）用鉴频器解调该调频信号，并与输入信号比较。

3.7　数字基带接收

3.7.1　实验目的

通过实验掌握数字基带接收原理。

3.7.2　实验原理

数字基带信号的接收可以用图 3-6 表示。

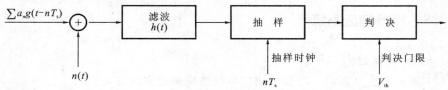

图 3-6　数字基带信号接收框图

经过滤波后，输出信号为：

$$r(t) = \sum_n a_n g(t - nT_s) \otimes h(t) + n(t) \otimes h(t)$$

$$= \sum_n a_n \int_{-\infty}^{+\infty} h(\tau)g(t - \tau - nT_s)\mathrm{d}\tau + \int_{-\infty}^{+\infty} h(\tau)n(t - \tau)\mathrm{d}\tau \quad (3\text{-}21)$$

$$r_k = r(kT_s)$$

$$= \sum_n a_n \int_{-\infty}^{+\infty} h(\tau)g(kT_s - \tau - nT_s)\mathrm{d}\tau + \int_{-\infty}^{+\infty} h(\tau)n(kT_s - \tau)\mathrm{d}\tau$$

$$= \sum_n a_n f_{k-n} + w_k$$

$$= f_0 a_k + \sum_{n \neq k} f_{k-n} a_n + w_k \qquad\qquad (3\text{-}22)$$

这里：

$$f_k = \int_{-\infty}^{+\infty} h(\tau) g(kT_s - \tau) \mathrm{d}\tau$$

$$w_k = \int_{-\infty}^{+\infty} h(\tau) n(kT_s - \tau) \mathrm{d}\tau$$

$$E[w_k] = 0$$

$$E[w_k^2] = \frac{N_0}{2} \int_{-\infty}^{+\infty} h(\tau)^2 \mathrm{d}\tau$$

因此，w_k 是一个均值为 0、方差为 $\sigma^2 = \dfrac{N_0}{2} \displaystyle\int_{-\infty}^{+\infty} h(\tau)^2 \mathrm{d}\tau$ 的高斯随机变量。基带信号的接收可以等效成离散模型进行分析，接收信号在 k 时刻的抽样值取决于当前输入码元值、前后码元对其的干扰（码间干扰）和加性高斯白噪声。

3.7.3 实验内容

设二进制数字基带信号 $s(t) = \displaystyle\sum_n a_n g(t - nT_s)$，其中 $a_n \in \{+1, -1\}$，$g(t) = \begin{cases} 1 & 0 \leqslant t < T_s \\ 0 & \text{其他} \end{cases}$，加性高斯白噪声的双边功率谱密度为 $N_0/2 = 0$。

（1）若接收滤波器的冲激响应函数 $h(t) = g(t)$，画出经过滤波器后的波形图。

（2）若 $H(f) = \begin{cases} 0 & |f| < \dfrac{5}{2T_s} \\ 0 & \text{其他} \end{cases}$，画出经过滤波器后的波形图。

3.8 部分响应系统

3.8.1 实验目的

（1）通过实验掌握第一类部分响应系统的原理及实现方法。

（2）掌握基带信号眼图的概念及绘制方法。

3.8.2 实验原理

1）部分响应系统

为了提高系统的频带利用率，减小定时误差带来的码间干扰，升余弦传输特性在这两者的选择上是有矛盾的。理想低通传输特性可以有最高的频带利用率（$\eta_s = 2$），但拖尾的波动比较大，衰减也比较慢。若能改善这种情况，并保留系统的带宽等于奈奎斯特带宽，就能保证在一定的传输质量前提下显著地提高传输速率。这是有实际意义的，特别是在高速大容量传输系统中，部分响应传输系统就具有这样的特点。

部分响应传输系统是通过对理想低通滤波器冲激响应的线性加权组合来控制整

个传输系统冲激响应拖尾的波动幅度和衰减的。当然,这样做会引入很强的码间干扰,但是这种码间干扰是可控制的,是已知的,因此很容易从接收信号的抽样值中减去。由于这种组合并不影响系统的传输带宽,因此频带利用率高。

第一类部分响应系统是在相邻的两个码元间引入码间干扰。由于理想低通系统的传递函数为:

$$H(f) = \begin{cases} T_s & |f| < \dfrac{1}{2T_s} \\ 0 & \text{其他} \end{cases} \tag{3-23}$$

其冲激响应为 $h(t) = \dfrac{\sin\dfrac{\pi t}{T_s}}{\dfrac{\pi t}{T_s}}$,如果用 $h(t)$ 及 $h(t)$ 的时延 T_s 的波形作为系统的冲激响应,那么它的系统带宽肯定限制在 $\left(-\dfrac{1}{2T_s}, \dfrac{1}{2T_s}\right)$,也就是说,系统的频带利用率为 2 bit/Hz。

接着来看系统的冲激响应函数 $g(t)$:

$$g(t) = h(t) + h(t - T_s) = \text{sinc}\,\dfrac{\pi t}{T_s} + \text{sinc}\,\dfrac{\pi(t - T_s)}{T_s} = \dfrac{\sin\dfrac{\pi t}{T_s}}{\dfrac{\pi t}{T_s}} \cdot \dfrac{1}{1 - t/T_s}$$

$$\tag{3-24}$$

可以看到,这个系统的冲激响应的衰减是理想低通冲激响应函数衰减的 $\dfrac{1}{1 - t/T_s}$,它比理想低通系统冲激响应函数衰减快,因此相比对定时精度的要求要低,它的系统响应为:

$$G(f) = (1 + e^{-j2\pi f/T_s})H(f) = \begin{cases} 2T_s\cos(\pi f T_s)e^{-j\pi f T_s} & |f| \leqslant \dfrac{1}{2T_s} \\ 0 & \text{其他} \end{cases} \tag{3-25}$$

可以看到,第一类部分响应系统并不满足抽样点无码间干扰的条件,其每个抽样点仅受前一个码元的影响,因此可以通过减去前一个码元的干扰来确定当前抽样点的值,从而正确判决。因此,第一类部分响应系统可以用框图 3-7 表示。

2) 基带信号眼图

在实际数字互联系统中,完全消除码间串扰是十分困难的,而码间串扰对误码率的影响目前尚无法找到数学上便于处理的统计规律,还不能进行准确计算。为了衡量基带传输系统的性能优劣,在实验室中通常用示波器观察接收信号波形的方法来分析码间串扰和噪声对系统性能的影响,这就是眼图分析法。

在数字系统的接收端用示波器观察接收信号,将接收信号输入示波器的垂直放

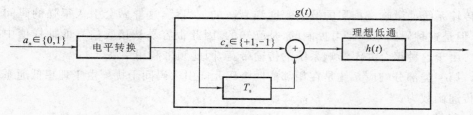

图 3-7　第一类部分响应系统框图

大器,同时调整示波器的水平扫描周期为码元间隔的整数倍,则示波器上显示的波形形如一只只"眼睛",称为基带信号的眼图。其实,基带信号眼图的形成原因是示波器的荧光显示屏光迹在信号消失后需要一段时间才能消失,因此显示在示波器上的是若干段的数字基带波形的叠加,呈现出眼图的形状。

　　二进制信号传输时的眼图只有一只"眼睛",当传输三元码时会显示两只"眼睛"。眼图是由各段码元波形叠加而成的,眼图中央的垂直线表示最佳抽样时刻,位于两峰值中间的水平线是判决门限电平。

　　在无码间串扰和噪声的理想情况下,波形无失真,每个码元将重叠在一起,最终在示波器上看到的是迹线又细又清晰的"眼睛","眼"开启得最大。当有码间串扰时,波形失真,码元不完全重合,眼图的迹线就会不清晰,引起"眼"部分闭合。若再加上噪声的影响,则使眼图的线条变得模糊,"眼"开启得小了,因此"眼"张开的大小表示了失真的程度,反映了码间串扰的强弱。由此可知,眼图能直观地表明码间串扰和噪声的影响,可评价一个基带传输系统性能的优劣。另外也可以用此图形对接收滤波器的特性加以调整,以减小码间串扰和改善系统的传输性能。

3.8.3　实验内容

　　(1)产生一个{+1,-1}的二元随机序列,画出其第一类部分响应系统的基带信号。

　　(2)画出该信号的眼图。

3.8.4　思考题

　　(1)观察 t 对 $g(t)$ 的影响。

　　(2)解释看到的眼图为何与规则的眼图不太一样。

3.9　QAM 系统蒙特卡罗仿真

3.9.1　实验目的

　　(1)通过实验掌握 QAM 多进制数字调制及性能分析方法。

　　(2)掌握 QAM 星座图(矢量点分布图)的概念。

　　(3)了解蒙特卡罗仿真在通信系统中的应用。

3.9.2　实验原理

1) 正交幅度调制(QAM)原理

一个正交幅度调制(QAM)信号采用了两个正交载波 $\cos 2\pi f_c t$ 和 $\sin 2\pi f_c t$,每个载波都被一个独立的信息比特序列所调制。发送信号波形如下:

$$u_m(t) = A_{mc} g(t)\cos 2\pi f_c t + A_{ms} g(t)\sin 2\pi f_c t \quad m = 1,2,\cdots,M \quad (3\text{-}26)$$

式中,$\{A_{mc}\}$ 和 $\{A_{ms}\}$ 是电平集合,这些电平是通过将 k 比特序列映射为信号振幅而获得的。

QAM 可以看成是振幅调制和相位调制的结合,因此发送的 QAM 信号波形可表示为:

$$u_{mn}(t) = A_m g(t)\cos(2\pi f_c t + \theta_n) \quad m = 1,2,\cdots,M_1; n = 1,2,\cdots,M_2 \quad (3\text{-}27)$$

如果 $M_1 = 2^{k_1}$,$M_2 = 2^{k_2}$,那么 QAM 方法就可以达到以符号速率 $R_b/(k_1+k_2)$ 同时发送 $k_1 + k_2 = \log_2 M_1 M_2$ 个二进制数据。

以上两式给出的信号几何表达式基于的是下述的二维信号矢量:

$$\boldsymbol{s}_m = (\sqrt{E_s} A_{mc} \quad \sqrt{E_s} A_{ms}) \quad m = 1,2,\cdots,M \quad (3\text{-}28)$$

假设在信号传输中存在载波相位偏移和加性高斯噪声,由此接收信号可以表示为:

$$r(t) = A_{mc} g(t)\cos(2\pi f_c t + \Phi) + A_{ms} g(t)\sin(2\pi f_c t + \Phi) + n(t) \quad (3\text{-}29)$$

其中,Φ 是载波相位偏移,$n(t) = n_c(t)\cos 2\pi f_c t + n_s(t)\sin 2\pi f_c t$。

最佳判决器计算距离量度为:

$$D(\boldsymbol{r},\boldsymbol{S}_m) = |\boldsymbol{r} - \boldsymbol{s}_m|^2 \quad m = 1,2,\cdots,M$$

其中,$\boldsymbol{r}^{\mathrm{T}} = (r_1, r_2)$。

M 进制 QAM 的误符号率为:

$$P_M = 1 - (1 - P_{\sqrt{M}})^2$$

式中,$P_{\sqrt{M}}$ 是 $\sqrt{M}$ 进制 PAM 系统的误码率,该 PAM 系统具有等价 QAM 系统的每一个正交信号中的一半平均功率。通过适当调整 M 进制 PAM 系统的误码率,可得:

$$P_{\sqrt{M}} = 2\left(1 - \frac{1}{\sqrt{M}}\right) Q\left(\sqrt{\frac{3}{M-1}\frac{E_{av}}{N_0}}\right)$$

其中,$\dfrac{E_{av}}{N_0}$ 是每个符号的平均信噪比。

$$P_m \leqslant 4Q\left[\frac{3kE_{avb}}{(M-1)N_0}\right]$$

其中,$\dfrac{E_{avb}}{N_0}$ 是每比特的平均信噪比。

2）蒙特卡罗仿真算法

该算法又称随机性模拟算法，是通过计算机仿真来解决问题的算法，同时可以通过模拟来检验本身模型的正确性。

它的基本思想是：为了求解数学、物理、工程技术及管理等方面的问题，首先建立一个概率模型或随机过程，使它们的参数如概率分布或数学期望等是所求问题的解；然后通过对模型或过程的观察或者抽样试验来计算所求参数的统计特征，并用算术平均值作为所求解的近似值。对于随机性问题，有时还可以根据实际物理背景的概率法则，用电子计算机直接进行抽样试验，从而对问题进行解答。

在通信系统的误码率计算中，由于计算公式复杂，甚至在很多情况下无法得到解析解，因此通过蒙特卡罗方法模拟实际的通信过程，得到仿真的通信系统误码率就成为一种方便的手段。

3.9.3 实验内容

对一个使用矩形信号星座图的 $M=16$QAM 通信系统进行蒙特卡罗仿真。系统模型如图 3-8 所示。

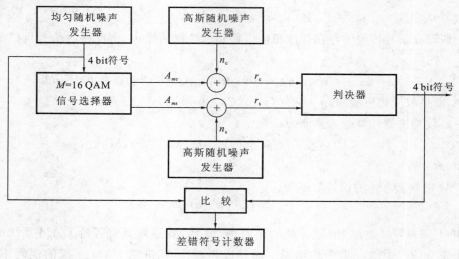

图 3-8　16QAM 系统模型

【例 3-14】 一个简单的蒙特卡罗仿真实例。

假设通信系统满足以下条件：

① 信源输出的数据符号是相互独立和等概率的。

② 在发射机中没有进行脉冲成形。

③ 信道是加性高斯白噪声（AWGN）信道。

图 3-9 所示为该通信系统的仿真模型。

根据上述假设，该系统的差错源是来自信道的噪声。发射机中调制器采用 BPSK。假设调制器输出端的带通信号可表示为：

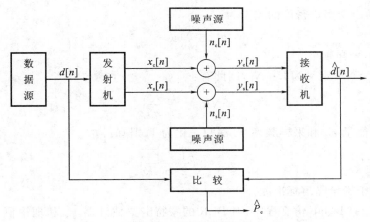

图 3-9 BPSK 系统模型

$$x(t,n) = A_c\cos(2\pi f_c t + kd[n] + \theta) \tag{3-30}$$

假设 $A_c=1,k=\pi,\theta=0$。采用带通信号的正交模型,定义同相和正交信号分量 $x_c[n]$ 和 $x_s[n]$ 有:

$$x_c[n] = \cos(\pi d[n]) = \begin{cases} 1 & d[n] = 0 \\ 0 & d[n] = 1 \end{cases}$$

$$x_s[n] = \sin(\pi d[n]) = 0$$

对图 3-9 所示的系统,接收机输入端的接收信号有:

$$y_c[n] = x_c[n] + n_c[n], \quad y_s[n] = x_s[n] + n_s[n] \tag{3-31}$$

正交信道的信号分量 $x_s[n]$ 为零,$y_s[n]$ 只包含噪声,而且正交信道的噪声与同相信道的噪声不相关,因此可以忽略正交信道。

接收机对于接收信号要做出判决,输出信号为 $\hat{d}[n]$。对于在 AWGN 条件下等概率、等能量的信号,接收机的阈值总为零。因此,接收机的输出信号为: $\hat{d}[n] = \begin{cases} 0 & y_c[n] > 0 \\ 1 & y_c[n] < 0 \end{cases}$。对 $d[n]$ 和 $\hat{d}[n]$ 进行符号比较,当两者不相等时,说明通信系统出现了差错。BER 的蒙特卡罗估计值为 $\hat{P}_e = N_e/N$,其中 N 为总的发送符号数,N_e 为差错发生的次数。

由数字通信基础知识可知,调制方式为 BPSK,信道为 AWGN 信道,BPSK 系统 BER 的理论值为:

$$P_e = Q(\sqrt{2E_s/N_0})$$

式中,E_s 为符号能量;E_s/N_0 为加性信道噪声的单边功率谱密度;$Q(x)$ 为高斯 Q 函数。

为了确定以 E_s/N_0 为函数的 BER,保持 E_s 恒定不变,并让噪声功率 N_0 在感兴趣的范围内递增,要求对该系统中的噪声发生器输出端的噪声功率进行校准。噪声

方差 σ_n 和噪声功率谱密度的关系为：

$$\sigma_n^2 = N_0 f_s / 2$$

其中 f_s 表示采样频率。

信噪比 SNR 定义为 E_s / N_0，因此有：

$$SNR = \frac{f_s}{2} \frac{E_s}{\sigma_n^2}$$

如果将能量 E_s 和采样频率 f_s 都归一化为 1，则有：

$$\sigma_n = \sqrt{\frac{1}{2} \frac{1}{SNR}}$$

该表达式用于确定噪声标准差。

利用如下 Matlab 仿真程序，对 BER 的蒙特卡罗估计器 $\hat{P}_e$ 和理论值 P_e 进行比较，其中高斯 Q 函数需要大家自己编写。

```
% * * * * 参数设置部分 * * * *
N=input('Enter number of symbols');     %设置仿真系统数据符号的个数
snrdB_min=-3;snrdB_max=8;               %设置信噪比取值的上下限,dB 为单位
snrdB=snrdB_min:1:snrdB_max;            %信噪比取值向量,dB 为单位
snr=10.^(snrdB/10);                     %计算相应的信噪比值
len_snr=length(snrdB);                  %信噪比取值的个数
%对每个给定信噪比的通信系统,计算 BER 的估计值
for j=1:len_snr
  sigma=sqrt(1/(2 * snr(j)));           %由给定的信噪比计算加性白噪声标
                                        %准差
  Ne=0;                                 %差错计数器初始化
%传输 N 个数据符号,统计差错符号(即比特)
for k=1:N
  d=round(rand(1));                     %产生一个数据符号:可能取值为 0,1
  x_d=2 * d-1;                          %得到发送器发送的数据符号:可能取
                                        %值为-1,+1
  n_d=sigma * randn(1);                 %产生信道的加性白噪声
  y_d=x_d+n_d;                          %接收器接收的数据
%检测器判决接收的数据
  if y_d>0
    d_est=1;                            %判决发送器发送的数据为 1
  else
    d_est=0;                            %判决发送器发送的数据为 0
```

```
            end
            ％检测器判决结果与发送器发送的数据符号进行比较
            if(d_est～＝d)
                Ne＝Ne＋1;                           ％差错计数器累加 1
            end
        end
        ％计算差错符号个数
        errors(j)＝Ne;
        ％计算误符号率(即误比特率 BER)的估计值
        ber_sim(j)＝errors(j)/N;
    end
    ％对每个给定信噪比的通信系统,计算 BER 的理论值
    ber_theor＝qfunc(sqrt(2 * snr));
    ％BER 曲线:理论值和估计值对比图
    semilogy(snrdB,ber_theor,snrdB,ber_sim,' o ')
    axis([snrdB_min snrdB_max 0.0001 1])
    xlabel(' SNR in dB ')
    ylabel(' BER ')
    legend(' Theoretical ',' Simulation ')
```

3.10　PCM 编译码实验

3.10.1　实验目的
通过实验掌握 PCM 编译码的基本原理及实现方法。

3.10.2　实验原理
对模拟信号进行抽样、量化,将量化后的信号电平值变换为二进制码组的过程称为编码,其逆过程称为译码。理论上,任何一种从量化电平值到二进制码组的一一映射都可以作为一种编码。目前常用的编码主要有折叠码、自然码、格雷码。在语音信号的数字化国际标准 G.711 中,采用了折叠码编码。

为了适应语音信号的动态范围,实用的 PCM 编译码必须是非线性的。目前,国际上采用的均是折线近似的对数压扩特性。ITU-T 的建议规定以 13 段折线近似的 A 律($A＝87.56$)和 15 段折线近似的 μ 律($\mu＝255$)作为国际标准。A 律的编译码表见表 3-7。这种折线近似压扩特性的特点是:各段落间量阶关系都是 2 的幂次,在段落内为均匀分层量化,即等间隔 16 个分层。

表 3-7 *A*＝87.56 编译码表

输入信号 幅度范围	量阶 (量化间隔)	段落码	段内码	量化电 平编号	译码幅度 (量化电平值)
0～1 1～2 … 15～16	1	000	0000 0001 … 1111	0 1 … 15	0.5 1.5 … 15.5
16～17 … 31～32	1	001	0000 … 1111	16 … 31	16.5 … 31.5
32～34 … 62～64	2	010	0000 … 1111	32 … 47	32 … 63
64～68 … 124～128	4	011	0000 … 1111	48 … 63	66 … 126
128～136 … 248～256	8	100	0000 … 1111	64 … 79	132 … 252
256～272 … 496～512	16	101	0000 … 1111	80 … 95	264 … 504
512～544 … 992～1 024	32	110	0000 … 1111	96 … 111	528 … 1 008
1 024～1 088 … 1 984～2 048	64	111	0000 … 1111	112 … 127	1 056 … 2 016

输入的语音信号经过抽样、量化后,每个抽样值编码成 8 bit 的二进制码组。量化时,*A* 律中的每个区间又被均匀量化成 16 个量化电平,其编码规则为:

$$b_0 \qquad b_1 b_2 b_3 \qquad b_4 b_5 b_6 b_7$$

其中,b_0 为极性码,$b_0=0$ 时对应的输入为负,$b_0=1$ 时对应的输入为正;$b_1 b_2 b_3$ 为段落码,分别对应 8 个区间;$b_4 b_5 b_6 b_7$ 为段内码,对应区间中的 16 个量化电平值。

3.10.3 实验内容

设输入信号为 $x(t)=A_c \sin 2\pi t$,对 $x(t)$ 信号进行抽样、量化和 *A* 律 PCM 编码,经过传输后,接收端进行 PCM 译码。

(1)画出经过 PCM 编码、译码后的波形,并与未编码波形进行比较。

(2)设信道没有误码,画出不同幅度 A_c 情况下 PCM 译码后的量化信噪比。

3.11 四相绝对移相键控(QPSK)

3.11.1 实验目的
(1) 通过实验掌握 QPSK 调制解调的基本原理及实现方法。
(2) 通过实验分析 QPSK 信号特性。

3.11.2 实验原理

四相绝对移相键控即 4PSK 或称 QPSK。它的四种信号形式是幅度、频率相同,相位取四个不同离散值的正弦信号,即:

$$S_{QPSK}(t) = S_k(t) = A\cos(\omega_c t + \varphi_k) \quad k = 1,2,3,4(0 \leqslant t \leqslant T_s) \quad (3\text{-}32)$$

式中,φ_k 通常取等差的离散值,有两种不同的取值方式:$\varphi_k = \begin{cases} (k-1)\pi/2 \\ (2k-1)\pi/4 \end{cases}(k=1,2,$ 3,4)。对应这两种不同的方式,信号的矢量分别如图 3-10 所示。这里以 $\pi/4$ 系统为例加以介绍,$\pi/2$ 系统的工作原理与此类似。

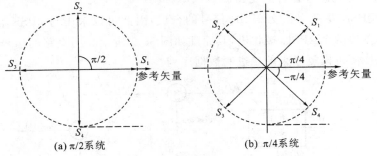

(a) $\pi/2$系统   (b) $\pi/4$系统

图 3-10　QPSK 信号矢量图

QPSK 的四个相位可以代表两个比特的四种状态,或者说一个相位可以表示两位比特的一个可能的组合。两个比特 a,b 的组合$[a,b]$称作双比特码元。从一比特码元到双比特码元的变换实际上就是从二进制到四进制的转换,因此,双比特码元长度 $T_s = 2T_b$。$[a_k, b_k]$与 φ_k 的对应关系称作相位逻辑。显然这种逻辑关系可以有多种,最常用的一种是$[a_k, b_k]$采用格雷码方式编码,如表 3-8 所示。

表 3-8　QPSK 信号的相位逻辑

k	格雷码		双极性表示		四进制码	φ_k
	a_k	b_k	a_k	b_k		
1	0	0	+1	+1	0	$\pi/4$
2	1	0	−1	+1	1	$3\pi/4$
3	1	1	−1	−1	2	$5\pi/4$
4	0	1	+1	−1	3	$7\pi/4$

QPSK 信号的产生方法与 2PSK 信号一样,也可分为调相法和相位选择法。下面介绍正交调制方法。为便于讨论,令 QPSK 信号的 $A=\sqrt{2}$,则:

$$S_{\mathrm{QPSK}}(t) = A\cos(\omega_\mathrm{c}t + \varphi_k) = \sqrt{2}\cos(\omega_\mathrm{c}t + \varphi_k)$$
$$= \sqrt{2}\cos\varphi_k\cos\omega_\mathrm{c}t - \sqrt{2}\sin\varphi_k\sin\omega_\mathrm{c}t$$
$$= I_k\cos\omega_\mathrm{c}t - Q_k\sin\omega_\mathrm{c}t \quad (0 \leqslant t \leqslant T_\mathrm{s} = 2T_\mathrm{b}) \tag{3-33}$$

式中,$I_k=\sqrt{2}\cos\varphi_k$,$Q_k=\sqrt{2}\sin\varphi_k$。

由于正弦和余弦函数的互补特性,对应于 φ_k 的四种取值,I_k 与 Q_k 只有两种取值,即 ±1,此时 QPSK 恰好表示两个正交的二相调制信号的合成。

根据此原理,二进制数据序列首先变换为双极性 NRZ 码序列,然后进行串/并变换分成两路,上支路称为同相支路(I 支路),下支路称为正交支路(Q 支路)。由于 I_k 与 Q_k 均为双极性 NRZ 码,所以它们分别和载波相乘,得到的信号 $S_I(t)$ 与 $S_Q(t)$ 均为 2PSK 信号。为了保证在一个码元期间 QPSK 信号的相位 φ_k 不变,应当保证 I_k 与 Q_k 在同一时刻进入各自的支路。

由于 QPSK 是两个正交 2PSK 信号的合成,因此可以采用与 2PSK 信号类似的解调方法,需要两个 2PSK 接收机,其原理如图 3-12 所示。两支路的信号解调后,经过并/串变换便可恢复原来的二进制数据序列。

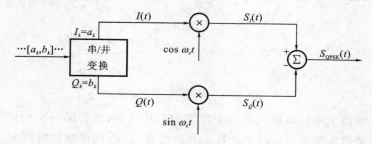

图 3-11　QPSK 正交调制框图

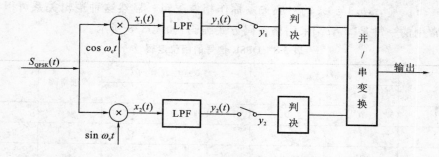

图 3-12　QPSK 相干解调框图

上述 QPSK 信号的双比特码元 $[a_k, b_k]$ 与 φ_k 有固定的逻辑关系,是一种绝对移相调制,也存在相位模糊的问题。采用差分四相移相键控可以避免该问题带来的影响。

3.11.3 实验内容

(1)参照 QPSK 调制解调原理框图绘制基带信号、调制信号、解调信号时域波形。

(2)绘制 QPSK 信号功率谱,并对其性能进行分析。

3.12 16QAM 调制实验

3.12.1 实验目的

(1)通过实验掌握 16QAM 调制解调的基本原理及实现方法。

(2)通过实验理解 16QAM 信号特性。

(3)掌握星座图的概念。

3.12.2 实验原理

所谓正交幅度调制就是用两个独立的多电平基带信号对一对同频正交载波进行 ASK 调制,然后叠加,便得到 QAM 信号。

16QAM 的星座图有 16 个信号点,它们在信号平面上的位置安排可以有不同的方案。图 3-13 是方形的星座图,是一种常用的星座图案,图中标出了各信号点的格雷码 4 位比特的编码。16QAM 任意一信号点对应的信号可以用它的两个正交分量表示,如图 3-14 所示。

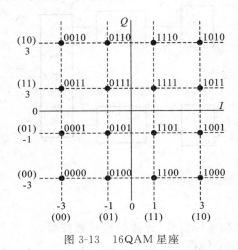

图 3-13 16QAM 星座

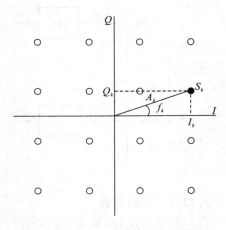

图 3-14 16QAM 信号和它的分量

$$S_{QPSK}(t) = A\cos(\omega_c t + \varphi_k) = \sqrt{2}\cos(\omega_c t + \varphi_k)$$
$$= I_k \cos \omega_c t - Q_k \sin \omega_c t \quad k = 1, 2, \cdots, 16 \quad (0 \leqslant t \leqslant T_s)$$

$$(3\text{-}34)$$

式中，I_k 与 Q_k 各有 $\sqrt{M} = \sqrt{16} = 4$ 个电平值；$I_k = \pm 1, \pm 3$；$Q_k = \pm 1, \pm 3$；$A_k = \sqrt{I_k^2 + Q_k^2}$；$\varphi_k = \arctan(Q_k / I_k)$。

式(3-34)与 MPSK 的信号表达式是一样的，但这里的 I_k 与 Q_k 的取值是相互独立的，因此和 MPSK 的 A_k 为常数不同，16QAM 的 A_k 不再是常数。16QAM 信号可以用两个正交载波 4ASK 信号相加得到。

16QAM 调制器原理图如图 3-15 所示。串行的二进制序列，经过串/并变换分成两路，每一路的双比特码元经过 2/4 电平转化得到 4PAM 数字基带信号，然后分别和两个正交载波相乘得两个 4ASK 信号，把它们相加便得到 16QAM 信号。

16QAM 信号的解调可以采用 ASK 信号的解调方法，如图 3-16 所示。解调两路 ASK 信号后，作 4/2 电平转换，经并/串变换恢复原来的二进制序列。

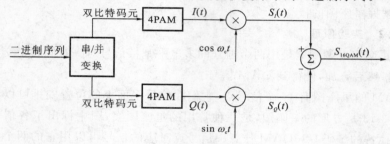

图 3-15　16QAM 调制原理框图

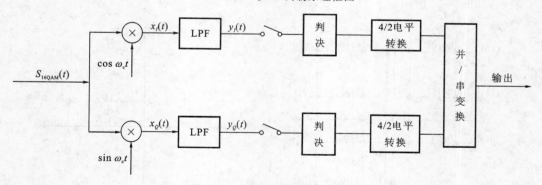

图 3-16　16QAM 解调原理框图

3.12.3　实验内容

(1) 参照 16QAM 调制解调原理框图绘制基带信号、解调信号时域波形。

(2) 绘制已调信号功率谱，并分析已调信号特性。

(3) 绘制 16QAM 信号星座图。

3.13 最小频移键控(MSK)

3.13.1 实验目的

(1)通过实验掌握 MSK 调制解调的基本原理及实现方法。

(2)通过实验分析 MSK 信号特性。

3.13.2 实验原理

MSK 是一种相位连续的 2FSK,其调制指数 $h=1/2$,即:

$$h = \Delta f T_s = |f_2 - f_1| T_b = 2f_d T_b$$

这里 $\Delta f = |f_2 - f_1| = 2f_d$,为 2FSK 信号的两个频率差,对于二进制,码元长度 T_s 等于比特长度 T_b。当基带信号 $b(t)$ 为 NRZ 的方波信号,即码元取值为 $b_k = \pm 1$ 时,MSK 信号可以表示为:

$$S_{MSK}(t) = A\cos(2\pi f_c t + b_k \frac{\pi}{2T_b} t + \varphi_k)$$

$$= A\cos[2\pi f_c t + \theta_k(t)] \quad kT_b \leqslant t \leqslant (k+1)T_b \tag{3-35}$$

式中,$\theta_k(t)$ 称为附加相位。在码元交替时刻相位连续,即 $\theta_k(kT_b) = \theta_{k-1}(kT_b)$,由于 $b_k = \pm 1$,当相位的初值 $\varphi_0 = 0$ 时,φ_k 取值为 π 的整数倍,即 $\phi_k = m\pi$。

一个码元从开始时刻到该码元结束时刻,其相位变化量 $\Delta\theta_k = \theta_k[(k+1)T_b] - \theta_k(kT_b) = b_k \frac{\pi}{2}$,因此每经过 T_b 时间,相位增加或减小 $\pi/2$,视该码元 b_k 的取值而定。

对于一般移频键控(2FSK),两个信号波形具有以下的相关系数:

$$\rho = \frac{\sin 2\pi(f_2 - f_1)T_s}{2\pi(f_2 - f_1)T_s} + \frac{\sin 4\pi f_c T_s}{4\pi f_c T_s} \tag{3-36}$$

MSK 是一种正交调制,其信号波形的相关系数等于零。因此,对 MSK 信号来说,上式右边两项均应为零。第一项等于零可得 $f_2 - f_1 = \frac{1}{2T_s}$,这正是 MSK 信号所要求的频率间隔;第二项等于零可得 $T_s = n \cdot \left(\frac{1}{4}\right)\frac{1}{f_c}$,这说明 MSK 信号在每一码元周期内,必须包含 1/4 载波周期的整倍数。

作为 2FSK 的一种形式,MSK 的产生可以用调频器的方法产生。由于调频产生的 FSK 信号是相位连续的,所以只要调频器的参数能满足上述的频率关系,得到的信号就是 MSK 信号。MSK 信号也可以采用正交调制的方法产生。

$$S_{MSK}(t) = \cos\varphi_k \cos\frac{\pi t}{2T_b}\cos\omega_c t - b_k\sin\varphi_k\sin\frac{\pi t}{2T_b}\sin\omega_c t$$

$$= I_k\cos\frac{\pi t}{2T_b}\cos\omega_c t - Q_k\sin\frac{\pi t}{2T_b}\sin\omega_c t \tag{3-37}$$

MSK 信号可以由两支路数据对两个正交载波进行幅度调制后叠加得到。$\cos\dfrac{\pi t}{2T_b}$ 和 $\sin\dfrac{\pi t}{2T_b}$ 这两因子当 T_b 给定时是一个确定的波；I_k,Q_k 是 $\{b_k\}$ 在差分编码后经串/并变换进入各支路的数据。采用差分编码后的正交调制器的原理图,如图 3-17 所示。

MSK 信号的解调与 FSK 信号相似,既可以采用相干解调,也可以采用非相干解调。这里给出用相关器解调的原理图,如图 3-18 所示。

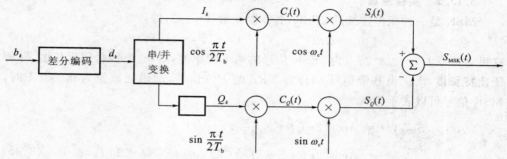

图 3-17 正交调制原理图

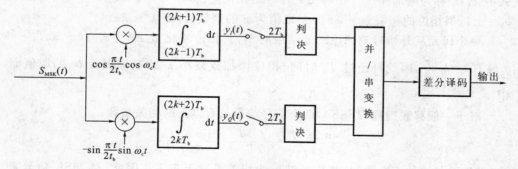

图 3-18 相关器解调原理图

3.13.3 实验内容

(1) 参照 MSK 调制解调原理框图绘制基带信号、解调信号时域波形。

(2) 绘制 MSK 信号功率谱,并对其性能进行分析。

3.14 OFDM 基本原理仿真

3.14.1 实验目的

通过实验掌握 OFDM 基本原理及实现方法。

3.14.2 实验原理

OFDM 是一种子载波相互混叠的多载波调制(MCM)技术。OFDM 技术的主要思想是把高速的数据流通过串并转换分配到速率相对较低的若干个子信道中进行传输,这些低速的数据流在通过正交频率进行调制的同时进行传输,这样可以把宽带变成窄带,每个子信道中的符号周期都会相对增加,因此可以减轻由无线信道的多径时延扩展所产生的时间弥散性对系统造成的码间干扰(ISI)。如果采用循环前缀作为保护间隔,则可以避免由于多径带来的信道间干扰(ICI)。

(1) OFDM 基本原理。

每个 OFDM 符号是多个经过调制的子载波信号之和,其中每个子载波的调制方式都可以选择相移键控(PSK)或正交幅度调制(QAM)。如果用 N 表示子载波的个数,T 表示 OFDM 符号的宽度,$d_i(i=0,1,\cdots,N-1)$ 是分配给每个子信道的数据符号,f_c 是载波频率,则从 $t=t_s$ 开始的 OFDM 符号可以表示为:

$$s(t) = \mathrm{Re}\left\{\sum_{i=-N/2}^{N/2-1} d_{i+N/2}\exp\left[\mathrm{j}2\pi\left(f_c - \frac{i+0.5}{T}\right)(t-t_s)\right]\right\} \quad t_s \leqslant t \leqslant t_s + T$$

(3-38)

用等效基带信号来描述 OFDM 的输出信号:

$$s(t) = \sum_{i=-N/2}^{N/2-1} d_{i+N/2}\exp\left[\mathrm{j}2\pi\frac{i}{T}(t-t_s)\right] \quad t_s \leqslant t \leqslant t_s + T \quad (3\text{-}39)$$

其中,上式的实部和虚部分别对应 OFDM 符号的同相和正交分量,可以分别与相应子载波的余弦分量和正弦分量相乘,构成最终的子信道信号和合成的 OFDM 符号。图 3-19 给出了 OFDM 系统调制和解调图,其中假定 $t_s = 0$。

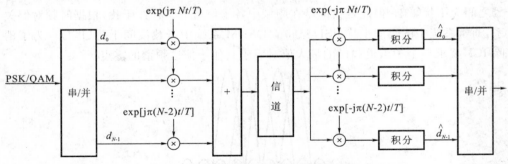

图 3-19   OFDM 系统的调制和解调

每个子载波在一个 OFDM 符号周期内都包含整数倍个周期,而且各个相邻的子载波之间相差一个周期。这一特性保证了子载波之间的正交性,即:

$$\frac{1}{T}\int_0^T \exp(\mathrm{j}\omega_n t)\exp(\mathrm{j}\omega_m t)\mathrm{d}t = \begin{cases} 1 & m = n \\ 0 & m \neq n \end{cases} \quad (3\text{-}40)$$

由于正交性,接收端第 k 个子载波信号的解调过程为:将接收信号与第 k 个解调载波 $\exp\left(-\mathrm{j}2\pi\frac{k-N/2}{T}t\right)$ 相乘,得到的结果在 OFDM 符号的持续时间 T 内进行积分,即可获得相应的发送信号 $\hat{d}_k$，即：

$$\hat{d}_k = \frac{1}{T}\int_{t_s}^{t_s+T} \exp\left[-\mathrm{j}2\pi\frac{k-N/2}{T}(t-t_s)\right]\sum_{i=-N/2}^{N/2-1} d_{i+N/2}\exp\left[\mathrm{j}2\pi\frac{i}{T}(t-t_s)\right]\mathrm{d}t$$

$$= \frac{1}{T}\sum_{i=-N/2}^{N/2-1} d_{i+N/2}\int_{t_s}^{t_s+T}\exp\left[\mathrm{j}2\pi\frac{i-k+N/2}{T}(t-t_s)\right]\mathrm{d}t$$

$$= d_k \tag{3-41}$$

由式(3-41)可以看出，对第 k 个子载波进行解调可以恢复出期望符号，而对其他载波来说，由于积分间隔内频率差 $(i-k)/T$ 可以产生整数倍个周期，所以积分结果为零。

OFDM 载波之间的正交性还可以从频域角度来解释。根据式（3-38），每个 OFDM 符号在其周期 T 内包括多个非零的子载波，因此其频谱可以看做是周期为 T 的矩形脉冲的频谱与一组位于各个子载波频率上的 δ 函数的卷积。矩形脉冲的频谱幅值为 $\mathrm{sinc}(f)$ 函数，这种函数的零点出现在频率为 $1/T$ 整数倍的位置上。图3-20给出了相互覆盖的各个子信道内经过矩形波成型而得到符号的 sinc 函数频谱。在每一个载波频率的最大值处，所有其他子信道的频谱值恰好为零。由于在对 OFDM 符号进行解调的过程中需要计算每个子载波上取最大值的位置所对应的信号值，因此可以从多个相互重叠的子信道符号频谱中提取出每个子信道符号，而不会受到其他子信道的干扰。由图 3-20 可见，OFDM 系统满足奈奎斯特无码间干扰准则，即多个子信道频谱之间不存在相互干扰，传统的奈奎斯特准则是在时域上保证前后发送符号之间无干扰影响，但此处指的是在频域中各子信道上不存在干扰，根据时频对偶关系，通常系统中的码间干扰（ISI）变成了 OFDM 系统中子载波间干扰（ICI）。为了消除 ICI，要求一个子信道频谱的最大值对应于其他子信道频谱的零点。

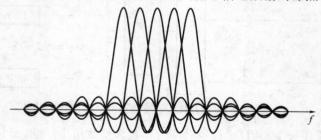

图 3-20   OFDM 信号中各子载波的频谱

从图 3-20 可以看出，OFDM 系统不像一般频分复用传输系统那样要求各个子信道之间要有一定的保护频带（保护频带降低了整个系统的频谱利用率）。OFDM 系统的子信道间没有保护频带，各个子信道的符号频谱相互重叠，这使得 OFDM 系统的频谱利用率比普通频分复用系统有很大的提高，而各个子载波可以采用频谱效率高的 QAM 和 MPSK 调制方式，进一步提高了 OFDM 系统的频谱效率。

对 N 比较大的系统来说,式(3-39)中定义的 OFDM 复等效基带信号可以采用离散逆傅里叶变换(IDFT)来实现,令式(3-39)中的 $t_s=0,t=kT/N(k=0,1,\cdots,N-1)$,可以得到:

$$s(k)=s(kT/N)=\sum_{i=0}^{N-1}d_i\exp\left(\mathrm{j}\frac{2\pi ki}{N}\right)\quad 0\leqslant k\leqslant N-1 \qquad (3-42)$$

式中,$s(k)$ 为 d_i 的 IDFT 运算。在接收端,为了恢复出原始的数据符号 d_i,可以对 $s(k)$ 进行傅里叶变换(DFT),得到:

$$d_i=\sum_{k=0}^{N-1}s(k)\exp\left(-\mathrm{j}\frac{2\pi ki}{N}\right)\quad 0\leqslant i\leqslant N-1 \qquad (3-43)$$

由上述分析可以看出,OFDM 系统的调制和解调可以分别由 IDFT/DFT 来代替。通过 N 点 IDFT 运算,把频域数据符号 d_i 变换为时域数据符号 $s(k)$,经过载波调制之后,发送到信道中。在接收端,将接收信号进行相干解调,然后将基带信号进行 N 点 DFT 运算,即可获得发送的数据符号 d_i。

在 OFDM 系统的实际应用中,可采用方便简捷的快速傅里叶变换(FFT/IFFT)算法。N 点 IDFT 运算需要实施 N^2 次复数乘法,而 IFFT 可以显著地降低运算复杂度。随着子载波个数 N 的增加,而 IDFT 的计算复杂度会随 N 呈现二次方增加,而 IFFT 的计算复杂度的增加速度只是稍快于线性变化。

(2) 保护间隔和循环前缀。

采用 OFDM 技术的主要原因之一是它可以有效地抗多径时延扩展特性,通过把输入的数据流并行分配到 N 个并行的子信道上,使每个 OFDM 符号周期可以扩大为原始数据符号周期的 N 倍,因此时延扩展与符号周期的比值也同样降低了 N 倍。为了最大限度地消除符号间干扰,在每个 OFDM 符号之间要插入保护间隔(GI,Guard Interval),该保护间隔的长度 T_g 一般要大于无线信道的最大时延扩展,这样一个符号的多径分量就不会对下一个符号造成干扰。然而由于多径传播的影响,会产生子信道间的干扰(ICI),即子载波之间的正交性遭到破坏,不同的子载波之间产生干扰,这种干扰效应如图 3-21 所示。

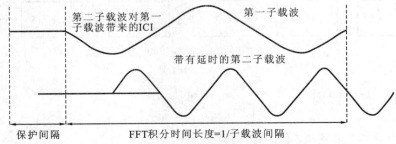

图 3-21　多径下,空闲保护间隔子载波间的干扰

从图 3-21 中可以看出,由于在 FFT 运算时间长度内第 1 子载波与带有时延的

第 2 子载波之间的周期个数之差不再是整数,所以当接收机对第 1 子载波进行解调时,第 2 子载波会对解调造成干扰。同样,当接收机对第 2 子载波进行解调时,也会存在来自第 1 子载波的干扰。

为了进一步消除由于多径传播造成的 ICI,一种有效的方法是将原来宽度为 T 的 OFDM 符号进行周期扩展,用扩展信号来填充保护间隔,如图 3-22 所示。将保护间隔内(持续时间用 T_g 表示)信号称为循环前缀(CP, Cyclic Prefix)。由 3-22 图可以看出,循环前缀中的信号与 OFDM 符号的尾部宽度为 T_g 的部分相同,这样可以保证在 FFT 周期内,OFDM 符号的延时副本所包含的波形的周期个数也是整数,从而使时延小于保护间隔的时延信号不会在解调过程中产生 ICI。

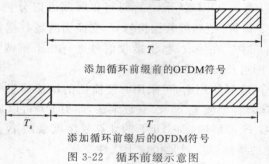

图 3-22 循环前缀示意图

3.14.3 实验内容

采用如图 3-23 所示的方框图对基于 IFFT/FFT 实现的 OFDM 系统进行 Matlab 仿真。

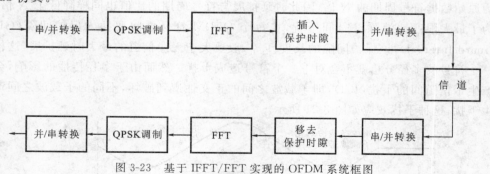

图 3-23 基于 IFFT/FFT 实现的 OFDM 系统框图

3.15 参考代码

%3.2 产生高斯分布随机变量函数 gngauss.m
function [gsrv1,gsrv2]=gngauss(m,sgma)
%产生两个独立的高斯随机变量,均值为 m,标准方差为 sgma

```
if nargin==0
    m=0;sgma=1;
elseif nargin==1
    sgma=m;m=0;
end
u=rand;                              %(0,1)间均匀分布的随机变量
z=sgma*(sqrt(2*log(1/(1-u))));       %瑞利分布的随机变量
u=rand;
gsrv1=m+z*cos(2*pi*u);
gsrv2=m+z*sin(2*pi*u);
```

```
%3.4 多径传播
clear all;
close all;
Ts=input('Enter value of Ts:');      %输入信号码元间隔
N_sample=8*Ts;                       %每个码元的抽样点数
dt=Ts/N_sample;                      %抽样时间间隔
N=1000;                              %码元数
t=0:dt:(N*N_sample-1)*dt;
f=-4:0.01:4;
dLen=length(t);
data=randint(1,N);                   %0,1 随机序列
st1=[];
for i=1:length(data)
    st1=[st1,data*ones(1,N_sample)];
end
sf1=sig_spec(st1,t,dt,f)             %输入信号的频谱
```

```
%3 径信道
m=[0.5 0.707 0.5];
tao=[0 1 2];
hf=m(1)*exp(-j*2*pi*f*tao(1))+m(2)*exp(-j*2*pi*f*tao(2))+
m(3)*exp(-j*2*pi*f*tao(3));
%信号经过 3 径信道
yt1=m(1)*st1(1:dLen)+m(2)*[zeros(1,N_sample/Ts),st1(1:dLen-N_
```

sample/Ts)]+m(3) * [zeros(1,2 * N_sample/Ts),st1(1:dLen-2 * N_sample/Ts)];

```
    yf1=sig_spec(yt1,t,dt,f)              %输出信号的频谱
    figure(1)
    subplot(221);
    plot(t,st1(1:dLen));
    axis([20 40 0 1.2]);title('输入信号');
    subplot(223);
    plot(t,yt1);
    axis([20 40 0 2]);title('经过信道输出信号');xlabel(' t ');
    subplot(222);
    plot(f,abs(sf1));
    axis([-2 2 0 60]);title('输入信号幅度谱');
    subplot(224);
    plot(f,abs(yf1));
    axis([-2 2 0 60]);title('输出信号幅度谱');xlabel(' f ');
    figure(2)
    subplot(211)
    plot(f,abs(hf));title('信道幅频特性');xlabel(' f ');
    axis([-2 2 0 2]);
    subplot(212)
    plot(f,angle(hf)/pi);title('信道相频特性');xlabel(' f ');
    axis([-2 2 -1 1]);

    %傅里叶变换函数 sig_spec. m
    function SF=sig_spec(ft,t,dt,f)
    %ft 为待计算频谱的时域信号
    %t 为时间向量
    %dt 为时域信号的采样间隔
    %f 为待观察的频率向量
    %SF 为频谱值

    length_t=length(t);
    length_f=length(f);
    SF=zeros(1,length_f);
```

```
for m=1:length_f
   for n=1:length_t
      SF(m)=SF(m)+ft(n) * exp(-j * 2 * pi * f(m) * t(n)) * dt;
   end
end


%3.5 模拟信号的幅度调制
clc,clear;
dt=0.01;
t=-1:dt:1;
df=0.01;
f=-15:df:15;

mt=sqrt(2) * cos(2 * pi * t);              %信号源
H_mt=sqrt(2) * sin(2 * pi * t);            %信号源希尔伯特变换
s=cos(20 * pi * t);                        %载波
filter=4 * sinc(4 * t);

A=2;
S_AM=(A+mt). * s;
S_DSB=mt. * s;
S_SSB=mt. * cos(20 * pi * t)+H_mt. * sin(20 * pi * t);

L_AM=sig_spec(S_AM,t,dt,f);
L_DSB=sig_spec(S_DSB,t,dt,f);
L_SSB=sig_spec(S_SSB,t,dt,f);

subplot(3,2,1);
plot(t,S_AM);
title('AM 调制');
grid on;
subplot(3,2,2);
plot(f,L_AM);
title('AM 调制频谱');
grid on;

subplot(3,2,3);
plot(t,S_DSB);
```

```
title('DSB 调制');
grid on;

subplot(3,2,4);
plot(f,L_DSB);
title('DSB 调制频谱');
grid on;

subplot(3,2,5);
plot(t,S_SSB);
title('SSB 调制');
grid on;
subplot(3,2,6);
plot(f,L_SSB);
title('SSB 调制频谱');
grid on;

%加噪声
SN_AM=awgn(S_AM,10);
DeAM=SN_AM. * cos(20 * pi * t);
DeAM_F=conv(DeAM,filter) * dt;

SN_DSB=awgn(S_DSB,10);
DeDSB=SN_DSB. * cos(20 * pi * t);
DeDSB_F=conv(DeDSB,filter) * dt;

SN_SSB=awgn(S_SSB,10);
DeSSB=SN_SSB. * cos(20 * pi * t);
DeSSB_F=conv(DeSSB,filter) * dt;

f=-10:0.01:10;
LSN_SSB=sig_spec(DeSSB_F,t,dt,f);
LSN_AM=sig_spec(DeAM_F,t,dt,f);
LSN_DSB=sig_spec(DeDSB_F,t,dt,f);

tt=-2:dt:2;
subplot(3,2,1);
plot(t,A+mt,t,SN_AM);
grid on;
subplot(3,2,2);
```

```
plot(t,(A+mt)/2,tt,DeAM_F);
title('原始信号与 AM 调制解调信号');
grid on;
axis([-1 1 -1.5 2.5]);
subplot(3,2,3);
plot(f,LSN_DSB);
title('DSB 解调滤波后频谱');
grid on;
axis([-10 10 -0.2 0.8]);
subplot(3,2,4);
plot(t,mt,tt,DeDSB_F);
title('原始信号与 DSB 调制解调信号');
grid on;
axis([-1 1 -1.5 1.5]);
subplot(3,2,5);
plot(f,LSN_SSB);
grid on;
title('SSB 解调滤波后频谱');
axis([-10 10 -0.2 0.8]);
subplot(3,2,6);
plot(t,mt,tt,DeSSB_F);
title('原始信号与 SSB 调制解调信号');
grid on;
axis([-1 1 -1.5 1.5]);

%3.6 模拟信号的频率调制
clear all;
close all;
dt=0.001;
t=0:dt:3;
fc=10;
fm=1;
df=0.1;
f=-20:df:20;
mt=cos(2*pi*fm*t);              %信源信号
```

```
Kf=5;
A=sqrt(2);
mti=0;
st=0;
sum=0;
for n=1:length(t);
sum=sum+mt(n)*dt;
mti(n)=sum;                                %mt 的积分函数
st(n)=A*cos(2*pi*fc*t(n)+2*pi*Kf*mti(n));        %调频信号
end

sf=sig_spec(st,t,dt,f);
rt=diff(st)/dt;                            %微分
env = abs(hilbert(rt));                    %包络检波
dem=(env-2*pi*fc*A)/(2*pi*Kf*A);          %去掉直流分量并重新缩放

subplot(221);
plot(t,st);
title('调频信号');
subplot(222);
plot(f,abs(sf));
title('调频信号振幅谱');
subplot(223);
plot(t(1:length(t)-1),dem);
hold on;
plot(t,mt,'g');
title('解调信号——包络检波');


%3.8 部分响应系统
clc,clear
Ts=1;
sam_num=100;
eye_num=10;
Num=500;
dt=Ts/sam_num;
t=-5*Ts:dt:5*Ts;
```

```
d=randint(1,Num);                           %0,1 随机序列
d(find(d==0))=-1;                           %转换为双极性
dd=[];
for i=1:Num
    dd=[dd,d(i)*ones(1,sam_num)];
end
ht=sinc((t+eps)/Ts)./(1-(t+eps)./Ts);
ht(6*sam_num+1)=1;
st=conv(dd,ht)./sam_num;
tt=-5*Ts:dt:(Num+5)*sam_num*dt-dt;
subplot(211)
plot(tt,st);
axis([0 20 -3 3]);
grid
xlabel('t/Ts');title('部分响应基带信号');
subplot(212)
%画部分响应信号的眼图
% eyediagram(st,1000,10);                   %直接调用画眼图函数
ss=zeros(1,eye_num*sam_num);
ttt=0:dt:eye_num*sam_num*dt-dt;
for k=5:50
    ss=st(k*sam_num+1:(eye_num+k)*sam_num);
    plot(ttt,ss);
    hold on;
end
xlabel('t/Ts');ylabel('部分响应信号眼图');


%3.9 QAM 系统蒙特卡罗仿真
echo on
SNRindB1=0:2:15;
SNRindB2=0:0.1:15;
M=16;
k=log2(M);
for i=1:length(SNRindB1)
    smld_err_prb(i)=cm_sm41(SNRindB1(i));   %仿真误码率
```

```
end;
for i=1:length(SNRindB2)
  SNR=exp(SNRindB2(i) * log(10)/10);          %信噪比
  %理论信噪比
  theo_err_prb(i)=4 * qfunc(sqrt(3 * k * SNR/(M-1)));
end;
%随后为绘图命令
semilogy(SNRindB1,smld_err_prb,' * ');
hold
semilogy(SNRindB2,theo_err_prb);


function [p]=cm_sm41(snr_in_dB)
%求出以 dB 为单位的给定信噪比的比特误码率和符号误码率
N=10000;
d=1;                                         %符号间的最小距离
Eav=10 * d^2;                                %每符号能量
snr=10^(snr_in_dB/10);                       %每比特信噪比
sgma=sqrt(Eav/(8 * snr));                    %噪声方差
M=16;
%产生数据源
for i=1:N
  temp=rand;                                 %在区间(0,1)间的均匀瑞利变量
  dsource(i)=1+floor(M * temp);              %在 1 到 16 间的一个数,均匀的
end
%信号星座的映射
mapping=[-3 * d 3 * d;
  -d 3 * d;
  d 3 * d;
  3 * d 3 * d;
  -3 * d d;
  -d d;
  d d;
  3 * d d;
  -3 * d -d;
  -d -d;
```

```
    d  −d;
    3 * d  −d;
    −3 * d  −3 * d;
    −d  −3 * d;
    d  −3 * d;
    3 * d  −3 * d;]
for i=1:N
   qam_sig(i,:)=mapping(dsource(i),:);
end
%接收信号
for i=1:N
   [n(1) n(2)]=gngauss(sgma);          %产生两个独立的高斯随机变量
   r(i,:)=qam_sig(i,:)+n;
end
%判决、误码率的计算
numoferr=0;
for i=1:N
   %量度计算
   for j=1:M
      metrics(j)=(r(i,1)−mapping(j,1))^2+(r(i,2)−mapping(j,2))^2;
   end
   [min_metric decis]=min(metrics);
   if(decis~=dsource(i))
      numoferr=numoferr+1;
   end
end
p=numoferr/(N);


%3.14 OFDM 基本原理仿真
clear;
clc;
SNR=10;                    % 信噪比
fl=128;                    % 设置 FFT 长度
Ns=6;                      %设置一个祯结构中 OFDM 信号的个数
para=128;                  %设置并行传输的子载波个数
```

```
sr=250000;                        %符号速率
br=sr.*2;                         % 每个子载波的比特率
gl=32                             %保护时隙的长度
Signal=rand(1,para*Ns*2)>0.5;        %产生 0,1 随机序列,符号数为 para
                                     % * Ns * 2

for i=1:para
  for j=1:Ns*2
    SigPara(i,j)=Signal(i*j);        %串并变换
  end
end
%QPSK 调制,将数据分为两个通道
for j=1:Ns
  ich(:,j)=SigPara(:,2*j-1);
  qch(:,j)=SigPara(:,2*j);
end
kmod=1./sqrt(2);
ich1=ich.*kmod;
qch1=qch.*kmod;
x=ich1+qch1.*sqrt(-1);               %频域数据变时域
y=ifft(x);
ich2=real(y);
qch2=imag(y);
%插入保护间隔
ich3=[ich2(fl-gl+1:fl,:);ich2];
qch3=[qch2(fl-gl+1:fl,:);qch2];
%并串变换
ich4=reshape(ich3,1,(fl+gl)*Ns);
qch4=reshape(qch3,1,(fl+gl)*Ns);
%形成复数发射数据
TrData=ich4+qch4.*sqrt(-1);
%接收机
%加入高斯白噪声
ReData=awgn(TrData,SNR,'measured');
%接收端
%移去保护间隔
```

```matlab
idata=real(ReData);
qdata=imag(ReData);
idata1=reshape(idata,fl+gl,Ns);
qdata1=reshape(qdata,fl+gl,Ns);
idata2=idata1(gl+1:gl+fl,:);
qdata2=qdata1(gl+1:gl+fl,:);
%FFT
Rex=idata2+qdata2*sqrt(-1);
ry=fft(Rex);
ReIChan=real(ry);
ReQChan=imag(ry);
ReIchan=ReIChan/kmod;
ReQchan=ReQChan/kmod;
%QPSK 逆映射
for j=1:Ns
    RePara(:,2*j-1)=ReIChan(:,j);
    RePara(:,2*j)=ReQChan(:,j);
end
ReSig=reshape(RePara,1,para*Ns*2);
%符号抽样判决
ReSig=ReSig>0.5;
subplot(2,1,1),stem(ReSig(1:20)),grid minor;
title('resignal');
xlabel('x'),ylabel('y');
subplot(2,1,2),stem(Signal(1:20)),grid;
title('signal')
```

第4章 Simulink综合实验

4.1 Simulink 基本知识

4.1.1 Simulink 简介

Simulink 提供了一种图形化的交互环境,可以用来对动态系统进行建模、仿真和分析。

Simulink 包含 200 多个模块,可以对不同领域的应用系统进行仿真。在 Simulink 的连续库中有积分、微分、求和等模块,在离散库中有单位延迟、采样保持等模块(利用它们可以完成连续系统、离散系统的建模),此外还有算法模块(包括加法器、乘法器、查表模块等)及结构性建模的模块(如 Mux,Demux,Switch 模块等)。除了上述的基本模块外,模块库还可以对不连续的系统、非线性系统进行建模,如饱和模块等。利用这些内建的模块库,用户也可以开发自己的模型。同时,除了基本的模块库外,Simulink 还为不同应用领域提供了各种各样的模型库,如航空航天、通信、信号处理模块库等。

利用 Simulink 可以很方便地进行层次化建模。对于一个非常大的系统,可以通过子系统的创建和连接,把一个很大的系统分割为不同的功能单元,不仅让整个模型更加可读,也方便日后使用及相关配合人员对整个大模型的理解。另外,它还提供了开放式的应用编程接口,已有代码可以方便地融合到环境中,共同参与并完成仿真。

Simulink 是用于动态系统和嵌入式系统的多领域仿真和基于模型的设计工具。在嵌入式系统的开发过程中,设计内容涉及多速率、多任务,手工编程完成系统设计非常繁杂,而 Simulink 内建的 S-函数功能可方便地对其进行设计、仿真、执行和测试。

模块库中提供了嵌入式 Matlab 模块,可以使用熟悉的语言完成算法的编程,同时这样的模块完成的算法可以方便地通过 RTW 进行代码生成。

使用定步长或变步长运行仿真,根据仿真模式(Normal,Accelerator,Rapid Accelerator)来决定以解释性的方式或以编译 C 代码的方式运行模型。如果模型较大,仿真时间较长,比较耗时,则可以采用加速的仿真模式,提高整个模型的仿真执行速度。

Simulink 提供了完整的图形化的调试器和剖析器来检查仿真结果,诊断设计的性能和异常行为。

Simulink 与 Matlab 紧密集成,可以直接访问 Matlab 大量的工具进行算法的研发、仿真的分析和可视化、批处理脚本的创建、建模环境的定制及信号参数和测试数据的定义。

4.1.2　Simulink 创建模型

【例 4-1】　产生一个正弦波,通过积分、增益和离散化等模块后用示波器进行观察,其仿真模型如图 4-1 所示。

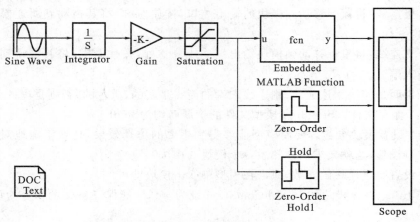

integration of sine wave is negative cosine

图 4-1　仿真模型

(1) 在 Simulink Browser 窗口中,选择"File"菜单下"New"中的"Model"项,建立一个新的模型。

(2) 向模型中添加模块。先在 Simulink Browser 窗口中找到所要添加的模块,左键直接选中该模块,然后将该模块拖到模型窗口中。

用上述方法添加下列模块:

① Simulink/Sources 库下的 Sine Wave(正弦波模块)。

② Simulink/Continuous 库下的 Integrator(积分器模块)。

③ Simulink/Math Operations 库下的 Gain(增益模块)。

④ Simulink/Discontinuities 库下的 Saturation(饱和模块),为系统添加非线性元素。

⑤ Simulink/User-Defined Functions 库下的 Embedded MATLAB Function(嵌入式 MATLAB 函数模块),求均方根。

⑥ Simulink/Discrete 库下的 Zero-Order Hold(零阶保持模块)。

⑦ Simulink/Sinks 库下的 Scope(示波器模块)。

⑧ Simulink/Model-wide Utilities 库下的 DocBlock(文档模块),可在此模块中添加帮助说明文档。

添加标题:在模型窗口中双击任何空白地方,即可添加该模型的标题,然后点击右键,选择 Font,可设置字体和字号。

复制模块:右键单击 Zero-Order Hold 模块,拖动即生成 Zero-Order Hold1。

(3) 连接各个模块。首先将模型窗口中的各个模块的位置进行调整,使需要连接的各个模块之间级联关系清晰易懂,然后将各个图形连接起来。注意,模块的输入端只能和模块的输出端相连。

直接连线:将鼠标移动到模块的输出端口,按住左键,将其拖动到所连模块的输入端口。

分支连线:将鼠标移动到模块输出端连线分支处,按住右键,将其拖动到目的模块的输入端处。

如果两个模块相连成功,则连线末端的箭头是实的、黑色的,否则是虚的。

(4) 保存文件。Simulink 模型文件的扩展名均为.mdl。

(5) 设置模块参数。要使模型能够得到想要的仿真效果,必须正确地对模块的参数进行设置,这就要求用户熟悉各个模块的用法。

要设置每个模块的参数,只需在模型中双击模块即可。

① Integrator 模块的 Initial Condition 设为-1,才能保证 sine 的积分为负的 cosine。

② Gain 模块的 Gain 项设为 1:10,使得该系统可同时对 10 个数进行操作,即矢量运算。

③ Saturation 模块的 Upper limit 项设为 $10 * rand(10,1)$,lower limit 项设为 $-10 * rand(10,1)$。

④ Zero-Order Hold 和 Zero-Order Hold1 模块的 Sample time 分别设为 Ts1 和 Ts2,Ts1 和 Ts2 的值在 Matlab 命令窗口中键入,为 0.1 s 和 1 s,使系统成为多采样速率混合系统。

⑤ Embedded MATLAB Function 模块双击后将最后一行改为"$y = sqrt(sum(u. * conj(u)))/size(u,1)$"。

⑥ Scope 双击打开,点击工具栏中的 parameter 选项,将 Number of axes 设为3。

(6) 设置完各个模块参数后,保存文件,开始仿真。

在模型窗口中,单击工具栏上的"▶"按钮,开始仿真。

(7) 观察仿真结果。仿真经过一定时间后双击 Scope 模块,弹出如图 4-2 所示的图形。

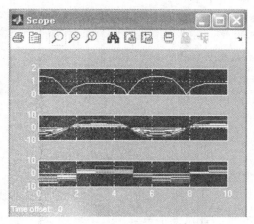

图 4-2　仿真结果

观察结果,然后根据实际情况对原系统模型进行改进,重复上面的步骤。

(8)在实际的系统仿真中,为了达到更好的仿真效果,需要设置仿真参数。

运行菜单【Simulation】|【Configuration Parameters】。

① 算法设置(Solver)。

在 Solver 里需要设置仿真起始和终止时间,选择合适的解法(Solver)并指定参数。

a. 设置起始时间和终止时间(Simulation time)。

【Start time】设置起始时间,【Stop time】设置终止时间,单位为"秒"(s)。

b. 算法设置(Solver options)。

a)算法类型设置。

仿真的主要过程一般是求解常微分方程组。【Solver options】|【Type】用来选择仿真算法的类型是变化的还是固定的。

变步长解法可以在仿真过程中根据要求调整运算步长。在采用变步长解法时,应该先指定一个容许误差限(【Relative tolerance】或【Absolute tolerance】),使得当误差超过误差限时自动修正仿真步长。【Max step size】用于设置最大步长,在缺省情况下为"auto"。最大步长=(终止时间-起始时间)/50。

b)仿真算法设置。

离散模型:对变步长和定步长解法均采用 discrete(no continuous state)。

连续模型:可采用变步长和定步长解法。

变步长解法有 ode45,ode23,ode113,ode15s,ode23s,ode23t,ode23tb。

ode45:四阶/五阶 Runge-Kutta 算法,属单步解法。

ode23:二阶/三阶 Runge-Kutta 算法,属单步解法。

ode113:可变阶次的 Adams-Bashforth-Moulton PECE 算法,属多步解法。

ode15s:可变阶次的数值微分公式算法,属多步解法。

ode23s:基于修正的 Rosenbrock 公式,属单步解法。

定步长解法有 ode4,ode5,ode3,ode2,ode1。

ode5:定步长的 ode45 解法。

ode4:四阶 Runge-Kutta 算法。

ode3:定步长 ode23 算法。

ode2:Henu 方法,即改进的欧拉法。

ode1:欧拉法。

② 数据输入/输出设置(Data Import/Export)。

在对动态系统进行仿真分析时,往往需要对系统的仿真结果进行进一步的定量分析。使用 Scope 模块可以直接显示系统仿真结果,非常有利于对系统的定性分析,但不利于系统的定量分析。Simulink 与 Matlab 的接口设计技术允许 Simulink 与 Matlab 之间进行数据交互,如从 Matlab 工作空间中获得系统模块参数、输出仿真结果至 Matlab 工作空间等。

数据输入/输出设置(Data Import/Export)窗口如图 4-3 所示,可以设置 Simulink 和当前工作空间的数据输入、输出。通过设置,可以从工作空间输入数据、设置系统状态初始值,也可以把仿真结果、状态变量、时间数据保存到当前工作空间。

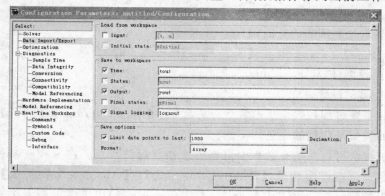

图 4-3　数据输入/输出(Data Import/Export)设置窗口

a. 从工作空间读入数据(Load from workspace)。

Simulink 通过设置模型的输入端口,实现在仿真过程中从工作空间读入数据。常用的输入端口模块为端口与子系统模块库(Ports & Subsystems)中的 In1 模块。

设置的方法是选中 Input 前的复选框,并在后面的编辑框键入输入数据的变量名,其格式为[t,u],其中 t 和 u 均为列向量,t 为输入信号的时间向量,u 为相应时刻的信号取值,可以使用多个信号输入,如[t,u1,u2]。然后可以用命令窗口或 M 文件编辑器输入数据。Simulink 根据输入端口参数中设置的采样时间读取输入数据。

Initial state：用来设置系统状态变量初始值。初始值 xInitial 可为行向量。

注意，使用 Initial state 所设置的状态变量初始值会自动覆盖系统模块中的设置。另外，输入信号与状态变量需要按照系统模型中 In1 模块的顺序进行正确设置。

b. 保存数据到工作空间（Save to workspace）。

可以选择保存的选项有：系统仿真时刻、系统模型中所有由 Out1 模块表示的信号、所有的状态变量及系统模型中的最终状态变量取值（即最后仿真时刻处的状态值）。选中选项前面的复选框并在选项后面的编辑框输入变量名，就会把相应数据保存到指定的变量中。常用的输出模块为端口与子系统模块库（Ports & Subsystems）中的 Out1 模块和信宿库（Sink）中的 To Workspace 模块。

c. 保存选项。

对同样的信号选择不同的输出选项，得到的输出设备上的信号是不完全一样的。应根据需要选择合适的输出选项以达到满意的输出效果。

Limit data points to last：表示输出数据的长度（从信号的最后数据点记起）。

Format：表示输出数据类型。共有三种形式：Structure with Time（带有仿真时间变量的结构体），Structure（不带仿真时间变量的结构体）及 Array（信号数组）。

4.1.3 Simulink 子系统技术

Simulink 模型具有层次结构，非常有利于建造和管理大型系统。为了便于实现分层设计，在 Simulink 模块库的 Ports & Subsystems 中含有一种专用模块——子系统（Subsystem）模块，同时 Simulink 还为子系统模块提供了封装（MASK）功能。

1）子系统模块（Subsystem Block）

当一个动态模型包含许多环节时，往往把系统按功能分块，每一块建立一个子系统。在设计中使用子系统，可以降低模型的复杂度，减少窗口中模块的数目，并易于对模型进行扩充和修改。设计一个 Simulink 框图，可以采用"自顶向下"的设计方式，先构造出总体模型，再分别建立各个子系统；也可以采用"自底向上"的设计方式，先完成每个部分的底层设计，封装为子系统后，再用其搭建出一个总体框图。

下面简要给出采用"自底向上"模式设计子系统的主要步骤：

首先同时选中 Gain，Saturation，Zero-Order Hold，Zero-Order Hold1，Embedded MATLAB Function 模块，然后点击右键，选择"Create Subsystem"，此时 Subsystem 模块取代了原先选中的模块，双击该 Subsystem 模块就能看到模块内部的子模块。

2）封装功能

具有封装功能是 Simulink 模块一个非常有用的特点。通过封装可以为子系统建立用户自定义的对话框和图标，也可以在当前图形窗口中隐藏子系统的设计内容，用简单的图标代替子系统。由于子系统中的每个模块都有一个对话框，进行仿真时必须打开每个对话框分别定义参数值，应用起来比较麻烦。而封装功能可以将子系统中的多个对话框合并为一个单独的对话框——封装对话框。封装对话框中的参数在仿真时被直接送入子系统的各个模块中,从而简化了用户定义仿真参数的过程。同时,通过在封装对话框中自定义模块参数域、模块描述信息和模块帮助信息等,可以使仿真模型有一个更友好的用户界面。

点击右键,选择"Mask eubsystem",弹出"Mask editor:Subsystem"窗口,如图4-4(a)和(b)所示。

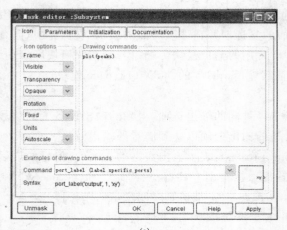

(a)

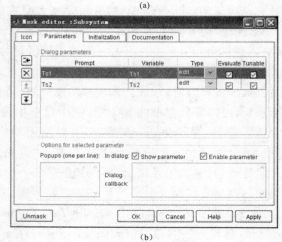

(b)

图 4-4 封装子系统

第一页设置子系统的图标,第二页设置子系统的参数,还可以设置 Documentation 页,双击可以显示该子系统的类型、功能描述信息和帮助信息。

运行前需双击该模块设置 Ts1 和 Ts2 的值。

3) 设计用户自定义模块

要创建用户专用工具包,用户需要自己开发和设计应用模块。

创建一个用户自定义的 Simulink 模块的步骤为:

（1）根据算法和公式编写核心部分的 S-函数。

（2）S-函数经过通用 S-函数模块处理后，转化为用户自创建的模块。

（3）根据要求的功能构造用户子系统，包括输入端口、输出端口、S-函数和其他一些附加功能模块。

（4）利用 Simulink 中的封装功能将子系统封装起来，生成用户自定义的封装对话框和图标，为整个子系统提供统一的设置。具体设置包括模块名称、模块类型、仿真参数、初始化参数、图标符绘制指令、模块功能描述信息和模块帮助信息。

（5）将封装内的模块复制，新建一个 .mdl 文件，每次调用该文件时使用 Model 模块。

这样最终得到一个用户自定义的 Simulink 模块，它能完成所要求的功能。

通过上述过程，用户完全可以将任何动态系统放入 Simulink 模块中。这个 Simulink 模块可以被其他任何模型设计方便地调用，如同内嵌在 Matlab 中的其他模块一样。

点击右键，选择"Look Under Mask"打开子系统，全选并复制所有的模块，新建一个窗口，粘贴，保存为 mycomponent；在 sineinteg 窗口中删除原子系统，添加 Simulink/Ports and Subsystems 库下的 Model 模块；双击该模块，将 Model name 设为 mycomponent，并将 Simulation 菜单下 Configuration Parameters 中的 Inline parameters 项打上对钩。需在 Matlab 工作空间中调用 Ts1 和 Ts2 的值。

4.1.4 Simulink 的核心——S-函数

仿真本质上就是利用某种求解算法对系统状态方程进行求解的过程。那么，Simulink 是如何将系统状态方程与系统方框图模型联系起来的呢？为了将系统数学方程与系统可视化模型联系起来，在 Simulink 中规定了固定格式的接口函数，称为 S-函数。一切 Simulink 可视化模型都是基于 S-函数实现的。

系统可视化描述的直观性是以牺牲数学描述的简洁性为代价的。通过编写和使用 S-函数，用户可以构建出采用 Simulink 普通模块难以搭建或搭建过程过于复杂的系统模型，这样就大大增强了 Simulink 的灵活性。Simulink 内建的标准模块库就是用 S-函数编写并进行编译后形成的。

Simulink 的工作原理是不停更新系统状态的过程。这个系统包含输入、输出和系统状态，可以是连续的，也可以是离散的，亦可以是混合体。S-函数必须符合 Simulink 的工作原理，包含必要的 callback（子函数），来完成初始化、计算步长、计算系统输出、更新系统状态、与系统其他模块整合等。S-函数流程如图 4-5 所示。

S-函数分两类：M-file S-函数和 MEX-file S-函数。M-file S-函数用 Matlab 语言书写，通过 function handles 实现，简单、容易上手，可以调用 Matlab 里的工具箱函数。MEX-file S-函数可以采用 C，C++，Fortran 等语言编写，通过 S-function API 实现，速度快，可以调用任何开源代码，适合硬件开发。

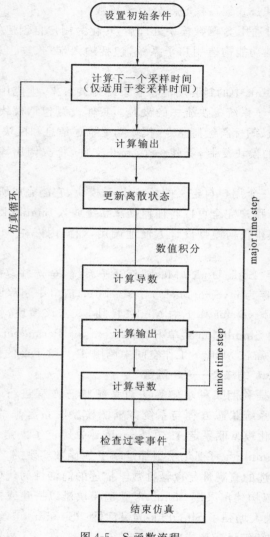

图 4-5　S-函数流程

本书仅对 Matlab 语言编写的 S-函数进行介绍和应用。

M 文件 S-函数模板：Simulink 为编写 S-函数提供了各种模板文件，其中定义了 S-函数完整的框架结构，用户可以根据自己的需要加以剪裁。编写 M 文件 S-函数时，推荐使用 S-函数模板文件 sfuntmpl.m。这个文件包含了一个完整的 M 文件 S-函数，它包含一个主函数和六个子函数。在主函数内，程序根据标志变量 Flag 将执行流程转移到相应的子函数，也称为回调方法。Flag 标志量作为主函数的参数由系统（Simulink 引擎）调用时给出。

主函数包含四个输出，其中 sys 数组包含某个子函数返回的值，它的含义随着调用子函数的不同而不同;x0 为所有状态的初始化向量;str 是保留参数,它总是一个空矩阵;ts 返回系统采样时间。此外,输入参数后面还可以接续一系列的附带参数。编写 S-函数时,应该把函数名 sfuntmpl 改为 S-function 块中对应的函数名。

```
% 主函数
function [sys,x0,str,ts] = sfuntmpl(t,x,u,flag)
switch flag
  case 0
    [sys,x0,str,ts]=mdlInitializeSizes;
  case 1
    sys=mdlDerivatives(t,x,u);
  case 2
    sys=mdlUpdate(t,x,u);
  case 3
    sys=mdlOutputs(t,x,u);
  case 4
    sys=mdlGetTimeOfNextVarHit(t,x,u);
  case 9
    sys=mdlTerminate(t,x,u);
  otherwise
    error([' Unhandledflag = ',num2str(flag)]);
end
% 主函数结束
% 下面是各个子函数
```

% 1. 初始化子函数:提供状态、输入、输出及采样时间、数目和初始状态的值。必
% 须有该子函数。初始化阶段,标志变量首先被置为 0,S-函数被第一次调用时,
% mdlInitializeSizes 子函数首先被调用。直接馈通:这是一个布尔量,当输出值
% 直接依赖于同一时刻的输入值时为 1,否则为 0

```
function [sys,x0,str,ts]=mdlInitializeSizes
sizes=simsizes;                   % 生成 sizes 数据结构
sizes. NumContStates=0;           % 连续状态数,缺省为 0
sizes. NumDiscStates=0;           % 离散状态数,缺省为 0
sizes. NumOutputs=0;              % 输出量个数,缺省为 0
sizes. NumInputs=0;               % 输入量个数,缺省为 0
```

sizes. DirFeedthrough＝1;   % 是否存在直接馈通。1:存在;0:不存在。缺省为 1

sizes. NumSampleTimes＝1;   % 采样时间个数,至少是 1 个

sys＝simsizes(sizes);   % 返回 sizes 数据结构所包含的信息

x0＝[ ];   % 设置初始状态

str＝[ ];   % 保留变量置空,暂时没有任何意义

ts＝[0 0];   % 采样时间:[采样周期 偏移量],采样周期为 0

          % 表示是连续系统

% 2. 计算导数子函数:给定 t,x,u,计算连续状态的导数,用户应该在此给出系
% 统的连续状态方程。该子函数可以不存在

function sys＝mdlDerivatives(t,x,u)

sys＝[ ];   % sys 表示状态导数,即 dx

% 3. 状态更新子函数:给定 t,x,u,计算离散状态的更新。每个仿真步长必然
% 调用该子函数,不论是否有意义。用户除了在此描述系统的离散状态方程外,
% 还可以填入其他每个仿真步长都有必要执行的代码

function sys＝mdlUpdate(t,x,u)

sys ＝ [ ];   % sys 表示下一个离散状态即 x(k＋1)

% 4. 计算输出子函数:给定 t,x,u,计算输出。该子函数必须存在,用户可以在
% 此描述系统的输出方程

function sys＝mdlOutputs(t,x,u)

sys＝[ ];   % sys 表示输出,即 y

% 5. 计算下一个采样时间,仅在系统是变采样时间系统时调用

function sys＝mdlGetTimeOfNextVarHit(t,x,u)

sampleTime＝1;   % 设置下一次的采样时间是 1 s 以后

sys＝t＋sampleTime;   % sys 表示下一个采样时间点

% 6. 仿真结束时要调用的函数,在仿真结束时调用,用户可以在此完成结束仿
% 真所需的必要工作

function sys＝mdlTerminate(t,x,u)

sys＝[ ];

【例 4-2】 对正弦信号进行有限积分。

拷贝 MATLAB\toolbox\simulink\blocks\sfuntmpl. m 模板代码,按照题目要
求进行修改,创建自己的 S-函数 limintm。在模型窗口添加 Simulink/User-Defined
Functions 库下的 S-Function(S-函数模块),双击,在 M-file name 输入 S-函数名 lim-

intm,在 Parameter 输入三个参数值 5,－5,0(上限取 5,下限取－5,初始值取 0)。示例模型如图 4-6 所示。

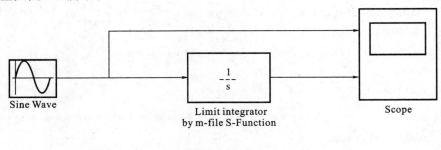

图 4-6 S-函数示例模型

代码如下:

```
function [sys,x0,str,ts]=limintm(t,x,u,flag,lb,ub,xi)
% limintm
% 函数实现连续有限积分
% 输出被限制在上限 ub 和下限 lb 之间,初始条件为 xi
switch flag
    %%%%%%
    % 初始化 %
    %%%%%%
    case 0
      [sys,x0,str,ts]=mdlInitializeSizes(lb,ub,xi);
    %%%%%%%
    % 微分方程 %
    %%%%%%%
    case 1
      sys=mdlDerivatives(t,x,u,lb,ub);
    %%%%%%%%%%%%%%%
    % 差分方程递推更新及终止 %
    %%%%%%%%%%%%%%%%%
    case {2,9}
      sys=[];                    % 什么都不做,返回空矩阵
    %%%%%
    % 输出 %
```

```
%%%%%
case 3
    sys=mdlOutputs(t,x,u);
otherwise
    error(['unhandled flag = ',num2str(flag)]);
end
% end limintm

%===============================
% mdlInitializeSizes
% 返回 sizes, initial conditions 和用于 S-函数的采样时间
%===============================
function [sys,x0,str,ts]=mdlInitializeSizes(lb,ub,xi)
sizes=simsizes;
sizes. NumContStates=1;
sizes. NumDiscStates=0;
sizes. NumOutputs=1;
sizes. NumInputs=1;
sizes. DirFeedthrough=0;
sizes. NumSampleTimes=1;
sys=simsizes(sizes);
str=[];
x0=xi;
ts=[0 0];                % 采样时间：[周期，时间偏移量]
% end mdlInitializeSizes

%===============================
% mdlDerivatives
% 计算连续状态微分方程
%===============================
function sys=mdlDerivatives(t,x,u,lb,ub)
if (x<=lb & u<0) | (x>=ub & u>0)
sys=0;
else
sys=u;
end
% end mdlDerivatives
```

```
%=========================================
% mdlOutputs
% 返回 S-函数输出向量
%=========================================
function sys=mdlOutputs(t,x,u)
sys=x;
% end mdlOutputs
```

4.2 数字基带传输系统

4.2.1 实验目的

(1) 通过实验掌握传输码元、传输波形、部分响应系统等的基本原理及实现方法。

(2) 掌握数字信号的传输过程。

4.2.2 实验原理

数字基带系统模型如图 4-7 所示。

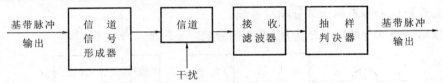

图 4-7 数字基带传输系统模型

这里信道信号形成器用来产生适合于信道传输的基带信号(码元变换和波形变换);接收滤波器用来接收信号和尽可能排除信道噪声和其他干扰;抽样判决器则是在噪声的背景下用来判断与再生基带信号。

为了适于信道传输,对传输的基带信号主要有两点要求:

(1) 对各种代码的要求,期望将原始信息符号编制成适于传输用的码型。

(2) 对所选码型的电波形要求,期望电波形适于信道中传输。

前一个要求是传输码型的选择,后一个问题成为基带脉冲的选择。

在基带传输系统中,传输码的结构应具有下列主要特性:

(1) 能从其相应的基带信号中获取定时信息。

(2) 相应的基带信号无直流成分和只有很小的低频成分。

(3) 不受信源统计特性的影响,即能适应于信源的变化。

(4) 尽可能地提高传输码型的传输效率。

(5) 具有内在的检错能力等。

满足或部分满足以上特性的传输码元常见的有 AMI 码、HDB3 码、双相码等。本文主要以双相码为例进行传输。

双相码又称 Manchester 码,即曼彻斯特码。它是对每个二进制码元分别利用两个具有不同相位的二进制新码去取代的码。编码规则之一是:

0 ──→01:零相位的一个周期的方波。

1 ──→10:π 相位的一个周期的方波。

根据奈奎斯特第一准则,为了消除码间干扰,双相码只使用两个电平,这种码既能提供足够的定时分量,又无直流漂移,编码过程简单,但这种码的带宽要宽些。

最常见的传输波形主要有单极性码波形、双极性码波形、单极性归零码波形、双极性归零码波形和差分码波形。下面主要以差分码波形为例来说明。差分码波形是一种把信息符号 0 和 1 反映在相邻的相对变化上的波形,比如以相邻码元的电位改变表示符号 1,以电位的不改变表示符号 0。这种码波形在形式上与单极性码或双极性码的波形相同,但它代表的信息符号与码元本身电位或极性无关,仅与相邻码变换的电位变化有关。

有控制地在某些码元的抽样时刻引入码间干扰,而在其余码元的抽样时刻无码间干扰,就能使频带利用率提高到理论上的最大值,同时又可以降低对定时精度的要求。通常把这种波形称为部分响应系统。

以第一类部分响应系统为例,说明部分响应系统的工作过程。

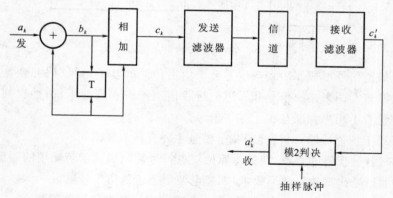

图 4-8　第一类部分响应系统模型

让发送端的 a_k 变成 b_k,其规则是 $a_k = b_k \oplus b_{k-1}$,即 $b_k = a_k \oplus b_{k-1}$。这里设 $\oplus$ 表示模 2 和,且设 a_k 和 b_k 是二进制数字"0"或"1"。若 $c_k = b_k + b_{k-1}$,则有:

$$[c_k]_{\mathrm{mod}2} = [b_k + b_{k-1}]_{\mathrm{mod}2} = b_k \oplus b_{k-1} = a_k \tag{4-1}$$

这个结果说明,对目前结果 c_k 做模 2 处理后便直接得到发送端的 a_k,此时不需要预先知道 a_{k-1},也不存在错误的传播。

4.2.3 实验内容

（1）设计一个单向通信系统，采用双相码、差分编码、部分响应系统等技术，使信号能够通过信道传输。

（2）画出原理框图，用 Simulink 建立系统模型，正确设置系统参数及各模块参数，使信源数据正确地传输到终端。

4.3 数字频带传输系统

4.3.1 实验目的

（1）通过实验掌握 PCM 编译码、时分复用、2DPSK 调制解调、同步等的基本原理及实现方法。

（2）掌握数字频带信号的传输过程。

4.3.2 实验原理

1）PCM 编译码

为了在数字通信系统中传输模拟消息，在发送端首先应将模拟消息的信号抽样，使其成为一系列离散的抽样值，然后再将抽样值量化为相应的量化值，并经编码变换成数字信号，用数字通信方式传输；在接收端则相应地将接收到的数字信号恢复成模拟消息。

（1）低通信号抽样定理：对于一个频带限制在$(0,f_H)$内的时间连续信号$m(t)$，如果以 $1/(2f_H)$ 的间隔对其进行等间隔抽样，则 $m(t)$ 将被所得到的抽样值完全确定，即抽样速率大于等于信号带宽的两倍就可保证不会产生信号的混叠。$1/(2f_H)$是抽样的最大间隔，也称为奈奎斯特间隔。也就是说，传输模拟信号不一定要传输模拟信号本身，只需传输按抽样定理得到的抽样值就可以了。

（2）量化：利用预先规定的有限个电平来表示模拟抽样值的过程称为量化。抽样是把一个时间连续、幅度连续信号变换成时间离散、幅度连续的信号。量化是将时间离散、状态连续的抽样变换成时间离散、状态离散的信号。量化可分为均匀量化和非均匀量化。均匀量化的主要缺点是当信号 $m(t)$ 较小时，信号量化噪声功率比也很小。为了克服这个缺点，实际过程中往往采用非均匀量化。

非均匀量化是根据信号的不同区间来确定量化间隔的。对于信号取值小的区间，其量化间隔也小，反之量化间隔就大。因此，量化噪声对大、小信号的影响大致相同，即改善了小信号时的量化信噪比。非均匀量化的实现方法是将抽样值通过压缩器压缩后再进行均匀量化。压缩律有 μ 压缩律和 A 压缩律，我国和欧洲各国采用 A 律压缩，其压缩方法为：

$$y = \frac{Ax}{1 + \ln A} \quad 0 \leqslant x \leqslant \frac{1}{A}$$
$$y = \frac{1 + \ln Ax}{1 + \ln A} \quad \frac{1}{A} \leqslant x \leqslant 1$$

(4-2)

（3）编码和译码：编码是指对量化值的编码，可分为均匀编码和非均匀编码；译码的过程是对编码过程的反变换，译码后可通过低通滤波器实现原模拟信号的恢复。

A 律 13 折线的产生是从不均匀量化的基点出发，设法用 13 段折线逼近 $A = 87.6$ 的 A 律压缩特性。具体方法是将输入 x 轴和输出 y 轴用两种不同的方法划分。首先对 x 轴在 0～1（归一化）范围内不均匀分成 8 段，分段的规律是每次以 1/2 对分，第一次在 0 到 1 之间的 1/2 处对分，第二次在 0 到 1/2 之间的 1/4 处对分，第三次在 0 到 1/4 之间的 1/8 处对分，以此类推；对 y 轴在 0～1（归一化）范围内采用等分法，均匀分成 8 段，每段间隔均为 1/8。然后把 x 和 y 各对应段的交点连接起来构成 8 段直线，得到折线压扩特性。其中，第 1 和第 2 段斜率相同（均为 16），因此可视为一条直线段，故实际上只有 7 根斜率不同的折线。以上分析是正方向的，由于语音信号是双极性信号，因此在负方向也有与正方向对称的一组折线，也是 7 根，而且其中靠近零点的第 1 和第 2 段斜率也等于 16，与正方向的第 1 和第 2 段斜率相同，又可以合并为一根，因此，正、负双向共有 2 ×（8−1）−1＝13 折，故称其为 13 折线。

PCM 是脉冲编码调制的简称，是现代数字电话系统的标准语音编码方式。A 律 PCM 数字电话系统中规定：传输话音的信号频段为 300～3 400 Hz，采样率为 8 000 次/s，对样值进行 13 折线压缩后编码为 8 位二进制数字序列。因此，PCM 编码输出的数码速率为 64 kbit/s。

PCM 编码输出的二进制序列中，每个样值用 8 位二进制码表示，其中最高比特位表示样值的正负极性，规定负值用 0 表示，正值用 1 表示；接下来的 3 位比特表示样值的绝对值所在的 8 段折线的段落号；最后 4 位是样值处于段落内 16 个均匀间隔上的间隔序号。在数学上，PCM 编码较低的 7 位相当于对样值的绝对值进行 13 折线近似压缩后的 7 位均匀量化编码输出。

2）时分复用（TDM）原理

模拟信号经过抽样、量化、编码后变成数字信号。多路数字信号可以通过时分复用方式合成一路信号。时分复用的基本原理如图 4-9 所示。

时分复用是一种数字复用技术，将输入的各路数字信号放在不同的时隙进行传输，接收端根据时隙的不同分别解出各路信号，达到复用的目的。从图 4-9 可以看到，时分多路复用要求各路数字信号之间保持时间的同步，并且收发需要实现时隙的同步（帧同步）。

3）差分相移键控（2DPSK）原理

差分相移键控的原理是通过用载波的不同相位差来代表 0 和 1，主要是利用码

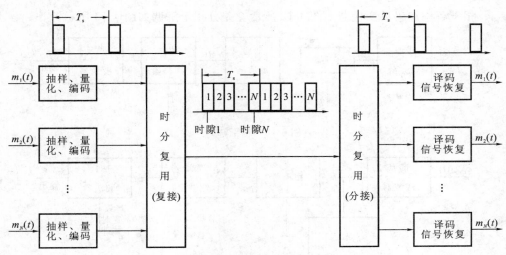

图 4-9 时分复用基本原理

变换和 2PSK 技术。码变换是将原始信号码变换为相位差,例如,将 0 用前后相位差为 0 来表示,而 1 用前后相位差为 π 来表示。

二进制数字信息:1 1 0 1 0 0 1 1 1 0。

2DPSK 信号相位:0 π 0 0 π π π 0 π 0 0 或 π 0 π π 0 0 0 π 0 π。

用不同的相位载波来代表 0 和 1,如 0 相位为 0,π 相位代表 1。

模拟法的原理框图如图 4-10 所示,数字法的原理框图如图 4-11 所示。

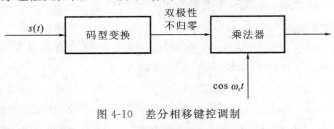

图 4-10 差分相移键控调制

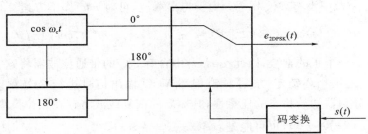

图 4-11 差分相移键控数字调制

解调方式有相干解调加码反变换器和差分相干解调。

相干解调加码反变换器如图 4-12 所示。差分相干解调如图 4-13 所示。

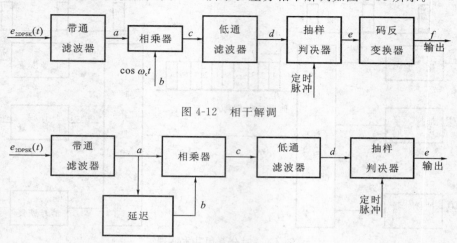

图 4-12　相干解调

图 4-13　差分相干解调

4）载波提取

（1）有辅助导频时的载频提取。

某些信号中不包含载频分量，为了用相干接收法接收这种信号，可以在发送信号中另外加入一个或几个导频信号，而在接收端可以用窄带滤波器将其从接收信号中滤出，用以辅助产生相干载频。目前多采用锁相环代替简单的窄带滤波器，因为锁相环的性能比后者性能好，可以改善提取出的载波的性能。

（2）无辅助导频时的载波提取。

对于无离散载频分量的信号，可以采用非线性变换的方法从信号中获取载频。通常采用平方环及等价的科斯塔斯环获取载频。

① 平方环。

设信号为 $r(t)=m(t)\cos(2\pi f_c t+\phi)$，其中，$m(t)=\pm 1$，当 $m(t)$ 取 +1 和 −1 的概率相等时，$r(t)$ 中没有载波分量。为了得出载波，可对 $r(t)$ 作平方运算，即：

$$r^2(t) = m^2(t)\cos^2(2\pi f_c t + \phi) = \frac{1}{2}m^2(t) + \frac{1}{2}m^2(t)\cos(4\pi f_c t + 2\phi) \quad (4\text{-}3)$$

式中，$m^2(t)$ 是一个正的常数，因此在 $r^2(t)$ 中含有 $2f_c$ 的带通滤波器将这一谐波分量选出后，再通过锁相环锁定，最后对锁相环 VCO 输出信号进行 2 分频即可恢复载波。由于 2 分频器初始状态的任意性，其输出的恢复载波将存在相位模糊，即恢复载波可能是 $\cos(2\pi f_c t+\hat{\phi})$，也可能是 $\cos(2\pi f_c t+\hat{\phi}+\pi)$。

② 科斯塔斯环。

利用平方环进行解调时，需要三个乘法器，且锁相环工作在载波的 2 倍频上。如果载波频率较高，则锁相环需要工作在相当高的频率上，导致成本大大提高。科斯塔斯环就是针对这一缺点进行改进的结果。该方案由科斯塔斯(Costas)于1956年提出,其结构如图4-14所示。接收信号$r(t)$分别乘以VCO输出相互正交的正弦波,得到:

$$
\begin{aligned}
z_s(t) &= r(t)\sin(2\pi f_c t + \hat{\phi}) \\
&= m(t)\cos(2\pi f_c t + \phi)\sin(2\pi f_c t + \hat{\phi}) \\
&= \frac{1}{2}m(t)\sin(\hat{\phi}-\phi) + \text{倍频项}
\end{aligned}
\tag{4-4}
$$

以及

$$
z_c(t) = \frac{1}{2}m(t)\cos(\hat{\phi}-\phi) + \text{倍频项}
\tag{4-5}
$$

经过低通滤波器后,倍频项被滤除,因此乘法器C的输出为:

$$
\begin{aligned}
e(t) &= y_s(t)y_c(t) \\
&= \frac{1}{4}m^2(t)\sin(\hat{\phi}-\phi)\cos(\hat{\phi}-\phi) \\
&= \frac{1}{8}m^2(t)\sin 2(\hat{\phi}-\phi)
\end{aligned}
\tag{4-6}
$$

该误差信号经过环路滤波器滤波后作为VCO的控制信号$u_c(t)$。锁相环锁定后,相位差$\Delta\phi=(\hat{\phi}-\phi)$将维持较小值,这样模型可以作线性化近似,即:

$$
e(t) \approx \frac{1}{4}m^2(t)\Delta\phi
$$

环路滤波器起到对输入信号的平均作用,因此VCO的控制信号$u_c(t)$正比于相位差$\Delta\phi$。环路锁定后,VCO输出经过90°移相输出$\cos(2\pi f_c t + \hat{\phi})$就是恢复载波,相应的乘法器B充当了相干解调器,因此低通滤波器输出$y_c(t)$就是相干解调输出。

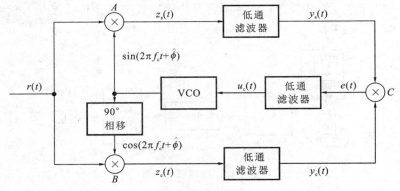

图 4-14 科斯塔斯环

科斯塔斯环的优点是环路工作频率为载波频率,远远低于平方环的工作频率,实现成本较低。科斯塔斯环中的乘法器C完成了非线性变换功能。

4.3.3 实验内容

（1）设计一个单向通信系统，采用 PCM 编译码、2DPSK 调制解调和同步等技术，使信号能够通过信道传输。

（2）画出原理框图，用 Simulink 建立系统模型，正确设置系统参数及各模块参数，使信源数据正确地传输到终端。

4.4 参考模型

4.4.1 仿真总体模型

仿真总体模型如图 4-15 所示。

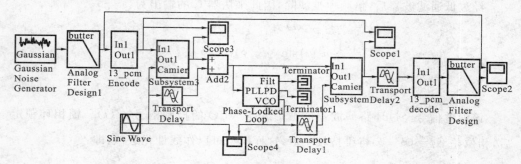

图 4-15 数字频带系统的仿真模型

4.4.2 各部分分析和实现

（1）信源编码仿真。

模拟信号为随机信号，由原理可知 13 折线算法为 8 位编码，编码后可形成 8 路并列的二进制信号，所以需要并串转换后再传输到数字频带传输系统。信源编码仿真如图 4-16 所示。

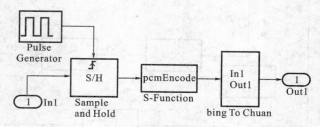

图 4-16 信源编码仿真

（2）13 折线编码的 S-函数实现。

仿真信号为 2 000 Hz 语音信号。由抽样定理可知抽样频率应大于等于 4 000 Hz，这里语音信号采样频率取 8 000 Hz。因为要实现 13 折线的编码，系统没有相对应的模块,可以采用自编 PCM 13 折线 S-函数的方式,然后利用用户自定义模块调入函数,完成系统模块一样的效果和功能。13 折线编码的基本思想是:首先对输入信号进行限幅,使幅值保持在-1 和 1 之间,然后判断信号极性,大于 0 输出 1,小于 0 输出 0。接着求段落码,然后是段内码。为了得到非均匀压缩,可将幅值不均匀地分为 8 份,其段落号-幅值最大值分别对应 1-1/128,2-1/64,3-1/32,4-1/16,5-1/8,6-1/4,7-1/2,8-1。根据幅值所在范围求段落码时,如果判断出它在哪个段落号所在的幅度范围内,则依次输出它的(段落号-1)所对应的二进制编码,如落在 8 的区间范围内,则输出 111。接下来是判断它的段内码。由前面所得的段落号可得它的段落起点值,又因为在每个段内是均匀分为 1/16 的,所以根据信号幅值和它所在段落的起始值及结尾值能够判断出它所在的段内码,并将段内码输出,完成 13 折线的编码运算。

```
y1=(u>=0)*1;                                %判断极性
u_abs=abs(u);
%不均匀分段
table=[1,1/128;2 1/64;3,1/32;4,1/16;5,1/8;6,1/4;7,1/2;8,1];
u_abs=u_abs.*(u_abs<1)+(u_abs>=1).*0.9999;        %限幅
%求段落码
y2=mdlGetduanluoMa(table,u_abs,2)*1;        %求第二个码元
y3=mdlGetduanluoMa(table,u_abs,3)*1;        %求第三个码元
y4=mdlGetDuanLuoMa(table,u_abs,4)*1;        %求第四个码元
DuanHao=mdlGetDuanHao(y2,y3,y4);
DuanNeiHao=mdlGetDuanNeiHao(DuanHao,u_abs);
%利用整形数求 8,7,6,5 各码元
y8=(floor(DuanNeiHao./2)~=DuanNeiHao./2)*1;
DuanNeiHao=floor(DuanNeiHao./2);            %化二进制的算法
y7=(floor(DuanNeiHao./2)~=DuanNeiHao./2)*1;
DuanNeiHao=floor(DuanNeiHao./2);
y6=(floor(DuanNeiHao./2)~=DuanNeiHao./2)*1;
DuanNeiHao=floor(DuanNeiHao./2);
y5=(floor(DuanNeiHao./2)~=DuanNeiHao./2)*1;
sys=[y1 y2 y3 y4 y5 y6 y7 y8];              %将 8 位码输出
%求段落码,判断其在哪一个分段范围内。case 2,3,4 分别为计算第几个码元
    case 2,
duanLuoMa=(Is>=table(4,2));
```

case 3，

duanLuoMa＝(Is＜table(4,2)& Is＞＝table(2,2))|(Is＞＝table(6,2));

　　case 4，

duanLuoMa ＝ (Is＜table(4,2)& Is＞＝table(2,2)& Is＞＝table(3,2))|(Is＜table(4,2)&Is＜table(2,2)&Is＞＝table(1,2))|(Is＞＝table(4,2)& Is＜table(6,2)&Is＞＝table(5,2))|(Is＞＝table(4,2)&Is＞＝table(6,2)& Is＞＝table(7,2));

%求段落号，即将求出 2,3,4 位码元所代表的整数。

duanHao＝y2 * 4 ＋ y3 * 2 ＋ y4;

%求段内号

duanStartlw＝1./(2.^(8 － DuanHao));　　　%一般情况下是这样计算

duanEndlw＝2 * duanStartlw;

qishiduan＝1－(duanStartlw ＝＝ 1/256);　　%段号是 0 的时候,起始值不为

　　　　　　　　　　　　　　　　　　　　　　　　%1/256,需另外考虑

duanStartlw＝duanStartlw . * qishiduan;　　%起始位应该为 0

deta＝(duanEndlw－duanStartlw)/16;　　%段内分为 16 份后单位长度的长度

DuanNeiHao＝ (u_abs－duanStartlw) ./deta;

DuanNeiHao＝floor(DuanNeiHao);

（3）并串转换。

并串转换利用抽样实现,先抽取第一路信号的第一个码元放在串行通道上,然后抽取第二路信号的第一个码元,……,第八路信号的第一个码元,接着是第一路信号的第二个码元,以此类推进行传输,如图 4-17 所示。为保证抽取信号时不叠加,使用脉冲宽度为12.5%（即 12.5%幅值为 1,其余为 0）。每个抽样脉冲的周期为1/8 000,脉冲宽度为 12.5,延迟时间由上到下依次为:0,1/8 000/8,2/8 000/8,3/8 000/8,4/8 000/8,5/80 000/8,6/8 000/8,7/8 000/8 s。

（4）串并转换。

串并转换就是将一路信号变成八路,即把串行比特流信号按照一定的顺序将原来的八路信号有顺序地抽出来,对齐码元,并行输出,如图 4-17 所示。本系统采取的是先对齐码元然后再抽样的方法。各延迟器从上到下的延迟时间分别为:1/8 000,7/8 000/8,6/8 000/8,5/8 000/8,4/8 000/8,3/8 000/8,2/8 000/8,1/8 000/8 s。抽样保持部分的抽样脉冲信号周期为 1/8 000,脉冲宽度为 5,相位延迟为 1/8 000/8/2。

（5）13 折线的译码。

信源译码仿真如图 4-18 所示,它是编码部分的逆运算。低通滤波器的目的是还原模拟信号,故频率应稍大于原信号的最高频率 2 000 Hz,可设为 2 050 Hz。

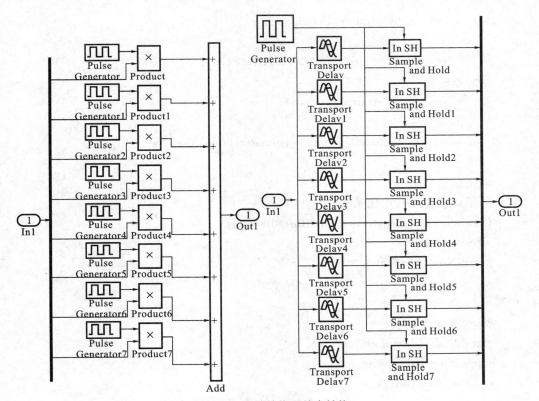

图 4-17　串并转换和并串转换

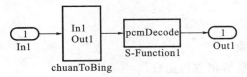

图 4-18　信源译码仿真

13 折线译码的 S-函数实现代码如下：

```
function [sys,x0,str,ts]=pcmDecode(t,x,u,flag)
  switch flag,
    case 0,
      [sys,x0,str,ts]=mdlInitializeSizes;
    case 1,
      sys=mdlDerivatives(t,x,u);
    case 2,
      sys=mdlUpdate(t,x,u);
    case 3,
```

```
        sys＝mdlOutputs(t,x,u);
    case 4,
        sys＝mdlGetTimeOfNextVarHit(t,x,u);
    case 9,
        sys＝mdlTerminate(t,x,u);
    otherwise
        error(['Unhandled flag =',num2str(flag)]);
end
```

％主函数结束

％子函数实现初始化函数

```
function [sys,x0,str,ts]＝mdlInitializeSizes
sizes＝simsizes;
sizes. NumContStates＝0;
sizes. NumDiscStates＝2;
sizes. NumOutputs＝1;
sizes. NumInputs＝8;
sizes. DirFeedthrough＝1;
sizes. NumSampleTimes＝1;
sys＝simsizes(sizes);
x0＝[0 1];
str＝[];
ts＝[−1 0];
```

％初始化函数结束

％子函数实现系统输出方程函数

```
function sys＝mdlOutputs(t,x,u)
u＝double(reshape(u,1,8));
duanhao＝u(2) * 4＋u(3) * 2＋u(4);
duanstartpoint＝1. /(2. * (8−duanhao));
duanendpoint＝2 * duanstartpoint;
qishiduan＝1−(duanstartpoint>1/256);
duanstartpoint＝duanstartpoint. * qishiduan;
duanneijianju＝(duanendpoint−duanstartpoint)/16;
duanneima＝u(5) * 8＋u(6) * 4＋u(7) * 2＋u(8);
out＝duanstartpoint＋duanneima. * duanneijianju;
u(1)＝2 * u(1)−1;
```

sys＝out.＊u(1);

％系统输出方程函数结束

％计算下一步仿真时间

function sys＝mdlGetTimeOfNextVarHit(t,x,u)

sampleTime＝1/8000;

sys＝t＋sampleTime;

％计算下一步仿真时间结束

（6）码变换。

二进制信源为模拟信号经过13折线编码后进行了并串转换的数字信号,其码元长度为1/(8 000×8) s。

MaBianHuan 和 MaFanBianHuan 模块:主要目标是完成绝对码到相对码和相对码到绝对码的变换,如图 4-19 和图 4-20 所示。异或模块和延迟模块的时间参数均为 1/8 000/8 s。

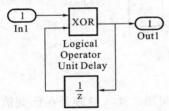
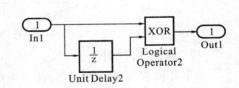

图 4-19 2DPSK 的码变换   图 4-20 2DPSK 的码反变换

Diapolar 模块主要是想达到改变载波相位的目的。这里采取的方法是将 0,1 码元变为−1,1 两个码元,如果再乘以载波,则 π 相位表示 0 码元,0 相位表示 1 码元。具体实现方法如图 4-21 所示,0,1 范围的数字扩大 2 倍,变为 0,2 范围的数字,然后再减 1,即可实现到−1,1 的转化。

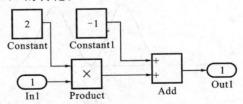

图 4-21 2DPSK 的相位反变换

（7）信道部分。

加高斯噪声,其均值和均方差均可随机设置。为了不影响信道噪声,一开始噪声可以设置得小一点,如均值为 0,方差为 0.1。

（8）解调和判决。

解调采用相干解调法,接收信号需乘以同频同相载波。当相位相同时,有:

$$m(t) \cdot \cos \omega_c t \cdot \cos \omega_c t = \frac{1}{2} m(t) + \frac{1}{2} \cos 2\omega_c t \cdot m(t)$$

当相位相反时,有:

$$-m(t) \cdot \cos \omega_c t \cdot \cos \omega_c t = -\frac{1}{2} m(t) - \frac{1}{2} \cos 2\omega_c t \cdot m(t)$$

这里的 $m(t) = 1$,通过低通滤波器以后,如果为正值,则说明是 1 码元,反之是 0 码元。

要想转换成功还需要对从滤波器出来的信号用判决模块进行判决。这里用的是保持函数和符号函数,保持函数可使取值稳定,符号函数可使值大于 0 的变为 1,小于 0 的变为 -1,输出以后加 1 变为 0 和 2,乘 0.5 后变为 0 和 1 码,如图 4-22 所示。

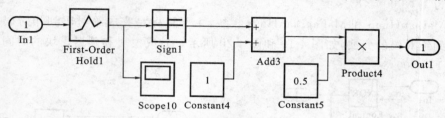

图 4-22　2DPSK 的码判决

（9）本地载波的提取。

为了获得载波的同步信息,这里采用了插入导频法。插入导频是在已调信号的频谱中再加入一个低功率的线谱(其对应的正弦波形即称为导频信号)。在接收端可以容易地利用窄带滤波器把它提取出来,经过适当的处理形成接收端的相干载波。显然,导频的频率应与载频有关或者就是载频。图 4-23 所示为在信号中插入导频的一种实现方法。

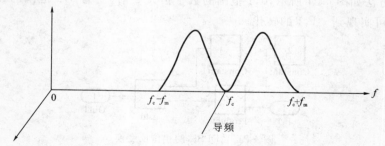

图 4-23　抑制载波的双边带的导频插入

插入的导频并不是加入调制器的载波,而是将该载波移相 90°后的"正交载波"。另外,插入导频法提取载波要使用窄带滤波器,这个窄带滤波器也可以用锁相环来代替,这是因为锁相环本身就是一个性能良好的窄带滤波器,因而使用锁相环后,载波提取的性能将有改善。

如图 4-24 所示,这是在 2DPSK 的调制解调中实现的载波同步。输入信号为输入 2DPSK 相乘器之前的数字信号。该系统的输入载波信号为正弦信号。f_c 窄带滤波器在这里使用的是锁相环。

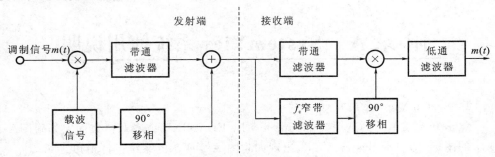

图 4-24　插入导频法发射接收原理图

由前面的分析和设置可知载波信号为 $\sin(8\,000 \times 8 \times 10 \times 2 \times \pi \times t)$,即载波频率为 $f = 8\,000 \times 8 \times 10$ Hz。移相 $90°$ 可利用延迟器来实现,使原载波信号延迟 $1/4$ 个周期即可,即延迟时间可设为 $1/(8\,0000 \times 8 \times 10)/4$ s。f_c 窄带滤波器的目的是滤出载波频率为 $8\,000 \times 8 \times 10$ Hz,可将滤波器参数设置为 $(8\,000 \times 8 \times 1 - 1\,000)\sim(8\,000 \times 8 \times 10 + 8\,000)$ Hz。模型中使用了锁相环,其频率设置为 $8\,000 \times 8 \times 10$ Hz,能够恢复出理想的载波余弦信号。最后通过移相 $90°$,恢复出原正弦信号。这里的移相实现方法跟前面的实现方法相同,参数也相同,不再赘述。

4.4.3 实验结果

由图 4-25 中的两个图形对比可知模拟信号的最终还原效果,模拟信号除了有部分的延迟以外,波形基本上得到了恢复。

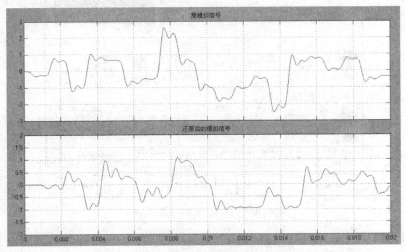

图 4-25　恢复前后的模拟信号波形的对比

附录 A　SystemView系统使用说明

1) SystemView 系统窗口

点击开始菜单中的选项"SystemView by ELANIX",或者双击桌面上如附图A-1所示的图标,即启动 SystemView,出现如附图 A-2 所示的系统设计窗口。

附图 A-1　SystemView 图标

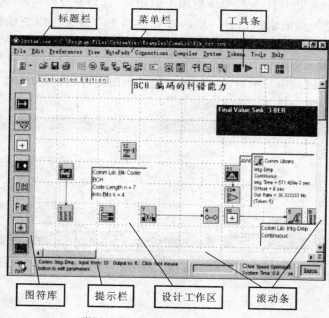

附图 A-2　SystemView 系统窗口

由附图 A-2 可见,该窗口包括标题栏、菜单栏、工具条、图符库、提示栏、滚动条和设计工作区。其中,设计工作区用于设置、连接各种图符以创建系统,进行系统仿真等操作;提示栏用于显示系统仿真的状态信息、提示功能快捷键的功能信息和显示图符的参数;滚动条用于移动观察当前的工作区域。当鼠标器位于功能图符上时,则该图符的具体参数就会自动弹出显示。

2) SystemView 工具条

SystemView 工具条(见附图 A-3)包括许多常用功能的图标快捷键。当鼠标移动到一个快捷键图标上时,程序会自动提示该功能键的作用。

附图 A-3 SystemView 工具条

各功能键的作用如下:

切换图符库:用于将图符栏在基本图符库与扩展图符库之间来回切换。点击三角形可输入用户自定义库。

打开已有系统:将以前编辑好的系统调入设计工作区,现有设计区将被新的系统替代。调入新的系统以前,软件提示将目前设计区内容存盘。

保存当前设计区:将当前设计工作区内容存盘。学习版无此功能,必须升级到专业版此功能才能有效。

打印:将当前设计工作区的图符及连接输出到打印机。学习版无此功能

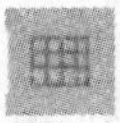

清除工作区:用于清除设计窗口中的系统。如果用户没有保存当前系统,则会弹出一个保存系统的对话框。

删除按钮:用于删除设计窗口中的图符或图符组。用鼠标单击该按钮再单击要删除的图符即可删除该图符。

断开图符间连接:单击此按钮后,分别单击需要拆除它们之间连接的两个图符,两图符之间的连线就会消失。注意,必须按信号流向的先后次序选择两个图符。

连接按钮:单击此按钮,再单击需要连接的两个图符,带有方向指示的连线就会出现在两个图符之间。连线方向由第一个图符指向第二个,因此要注意信号的流向。

复制按钮:单击此按钮,再单击要复制的图符,就会出现一个与原图符完全相同的图符。新图符与原图符具有相同的参数值,并且被放置在与原图符位置相差半个网格的位置上。

⊞ 图符翻转：单击此按钮，再单击需要翻转的图符，该图符的连线方向就会翻转 180°，连线也会随之改变，但是图符之间的连接关系并不改变。此功能在调整设计区图符位置时有用，主要用于美化设计区图符的分布和连线，避免线路过多交叉。

▣ 创建便笺：用于在设计区中插入一个空白便笺框，用户可输入文字、移动或重新编辑该便笺。

▣ 创建子系统：用于把所选择的图符组创建成 MetaSystem。单击此按钮后，按住鼠标左键并拖拽鼠标可以把选择框内的一组图符创建为子系统 MetaSystem，并出现一个子系统图标替代原来的图符。

▣ 显示子系统：用于观察和编辑嵌入在用户系统中的 MetaSystem 结构。单击此按钮，然后再单击感兴趣的 MetaSystem 图符，一个新窗口就会出现并显示出 MetaSystem。学习版没有 MetaSystem 功能。

⊞ 根轨迹：单击此按钮就会出现一个对话框，即可根据对话框中的选项在 S 域、Z 域或在 Z＝0 点附加一个极点的 Z 域对用户系统进行根轨迹图的计算和显示。根轨迹图的定义是闭环反馈极点的轨迹（作为闭环增益 K 的函数），这个闭环系统的传输函数 $H(s)$ 在系统设计窗口中确定。根轨迹图窗口是交互式的。

▣ 波特图：波特图是用户系统的传输函数 $H(s)$ 作为频率 f 的函数（$s＝j2\pi f$，f 的单位是 Hz）时幅度和相位的波形图。显示波特图的窗口同根轨迹图窗口一样也是交互式的，有着与根轨迹图窗口相似的功能。无论是根轨迹图还是波特图，都可以对图形进行局部放大显示。

▣ 画面重画：对系统设计窗口图形全部重新绘制。

■ 停止仿真：单击此按钮即结束仿真，用于系统仿真进行时强行终止仿真操作。

▶ 开始仿真：单击此按钮后，如果用户系统的构造已全部完成，系统仿真就开始执行，否则将出现一些诊断或提示信息以帮助用户迅速完成仿真系统的构造。

▣ 系统定时：单击此按钮会弹出系统定时窗口，在此窗口定义系统仿真的起始和终止时间、采样率、采样间隔、采样点数、频率分辨率和系统的循环次数等参数。系统仿真之前必须首先定义这些参数。系统定时直接控制系统的仿真。

▣ 分析窗口：此按钮用于从设计窗口切换到分析窗口。

3）SystemView 系统菜单栏

SystemView 除了通过设计窗口的快捷图标完成设计和设定功能外，通过菜单也能完成所有功能。菜单栏包括有 File，Edit，Preferences，View，Notepads，Connections，Compiler，System，Token，Tools 和 Help 等多个下拉菜单选项。通过这些选项可以访问重要的 SystemView 功能，现简单介绍如下。

（1）File（文件）菜单。

New System：清除当前系统。

Open Recent System：打开当前系统，系统自动列出最近编辑过的设计并从中选取。

Open Existing System：打开已存在的 SystemView 文件以便分析和调整。

Save System：保存当前设计工作区的内容。

Save System As：将当前设计工作区的内容另存为新的文件名。

（2）Edit（编辑）菜单。

Copy System：Selected Area：按下 Ctrl 键拖动鼠标，把所选用户系统的局部区域以位图格式复制到剪贴板上。

Copy System：Text Token：以文字盒代替图形图符的方式，把系统复制到剪贴板上。

Delete：从系统中删除所选择项（图符或便笺）。

4）设定系统定时窗口

单击工具条上的系统定时按钮，自动弹出如附图 A-4 所示的系统定时设定窗口。在此窗口定义系统仿真的起始和终止时间（Start Time and Stop Time）、采样率（Sample Rate）、采样间隔（Time Spacing）、采样点数（No. of Samples）、频率分辨率（Freq. Res.）和系统的循环次数（No. of System Loops）等。

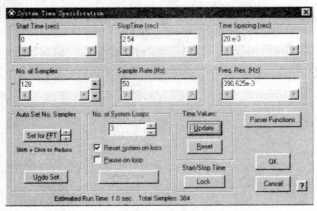

附图 A-4　SystemView 系统定时设定窗口

系统仿真之前必须首先定义上述参数。系统定时直接控制系统的仿真。系统定时的设定直接影响系统仿真的精度，所以选取参数时必须十分注意，这也是初学者应重点注意的内容。采样频率过高会增加仿真的时间，过低则有可能得不到正确的仿真结果。

用户需要注意以下几点：

（1）起始和终止时间控制着系统运行的时间范围，SystemView 要求终止时间值大于起始时间值。

（2）采样率/采样间隔控制着时间步长，这两个值是相互关联的两个系统参数，采样率＝1/采样间隔。改变其中一个数值，系统都自动修改另一个。

（3）采样点数指定了系统仿真过程中总的采样点个数，其基本计算关系为采样点数＝（终止时间－起始时间）×样率＋1。根据这个关系式，在采样率不变时，SystemView 将遵循下列规则自动修改参数。

① 如用户改变了采样点数，SystemView 不改变起始时间，但会根据新的采样间隔修改终止时间。

② 如果用户对起始时间和终止时间中的一个或全部做了修改，则采样点数会被自动修改。

③ 采样点数只能是整数。若计算值不是整数，则 SystemView 将取其近似整数值。除非用户自行修改，否则系统会一直保持固定的采样点数。

④ 频率分辨率是指系统对用户数据进行 Fourier 变换时，根据时间序列所得到的频率分辨率，其值为采样率/采样点数。

⑤ 系统循环次数提供了用户系统自动重复运行的功能。在它的下方还有两个选项：Reset system on loop（循环后复位系统）和 Pause on loop（循环后暂停）。选择了循环后复位系统选项时，每次循环后图符的参数都复位（恢复为设置参数），否则每次循环后所有图符的结果都作为下一个循环的初始参数。循环后暂停功能用于在每次循环结束后暂停系统运行，以便分析本次运行的结果。

⑥ 在系统定时窗口中还有两组按钮：Time Values 和 Auto Set No. Samples。Time Values 中的"Update"按钮用于更新数值，当用户修改了某一时间参数后，只要按下此按钮，SystemView 就会自动对所有其他参数进行修改。按"OK"按钮也会得到相同的效果。"Reset"按钮用于恢复原有的时间参数。Auto Set No. Samples 中的"Set for FFT"能使用户十分方便地把数据长度设置成 2 的整数次幂。单击"Set for FFT"按钮，用户数据采样点数会自动靠拢到适当的 2 的整数次幂，系统的终止时间也会同时自动改变。SystemView 的 FFT 计算程序是使用 2 的整数次幂方式进行速度优化的，如果用户的数据个数不是 2 的整数次幂，SystemView 将自动补零。如果因为某种原因而不希望执行 FFT 操作时，按下"undo"按钮即可恢复原有的设置。按住键盘的 Shift 键，再按"Set for FFT"会减小数字。

5）SystemView 基本图符

SystemView 提供了 9 个基本的图符库和 6 个扩展的图符库。使用这些图符时只需用鼠标器拖动放入设计工作区即可，也可以直接在该图符图标上双击鼠标器。在设计工作区内双击图符，就可以定义该图符的具体功能和参数。各种图符的功能及有关参数的设定请参阅"基本库"关于图符库各功能块的详细内容，见附表 A-1。

附表 A-1　基本图符

图符	图符名	功能说明
	连接节点	用于多个图符输入输出信号的汇聚、连接，在图符连接点较多时使用该节点功能可使设计窗口内的连线美观，有利于自己检查
	信号源	用于产生用户系统所需的信号源。这个库中的图符只有输出，没有输入
	子系统	代表一个复杂的子系统、子函数或仿真的子过程
	加法器	对输入信号进行加法操作
	子系统 I/O	用于设置一个嵌套子系统的输入和输出节点
	算子	对输入数据进行某一算子操作，如延时、平均、滤波等
	函数	对输入数据进行某一指定函数操作
	乘法器	对输入信号进行乘法操作
	接收器	用于实现信号的收集、显示、分析及输出（包括输出到文件）等功能。它只有输入，没有输出

6）SystemView 扩展图符

SystemView 扩展图符的功能见附表 A-2。

附表 A-2　扩展图符

图符	图符名	功能说明
	用户代码库	是用户使用 C/C++编写的图符库，可以自动集成到 SystemView 中，与软件内置的库一样使用。用户根据需要可以加载自适应滤波、数字视频广播（DVB）、IS95/CDMA、扩展的第二通信库（Comm2）等功能。这些库可从 SystemView 代理处购买
	通信库	包含仿真一个完整的通信系统必要的工具，功能十分完善，甚至类似于比特误码率、BCH 码、卷积码、比特同步、比特符号转换、复杂的用户可自定义传输信道模型等都有具体的模块，用户仅需输入简单的几个参数即可

续表

图符	图符名	功能说明
	DSP 库	包括 c4x 标准和扩充模式、常规及扩充的 IEEE 浮点模式,以及 FFT、FIR 和 IIR 滤波器、块传输。设计输出符合 DSP 设计要求
	逻辑库	包括通用逻辑器件图符:74 系列器件功能图符和用户自己定义的图符
	射频/模拟库	包括射频放大器、无源和有源混合器、功率分配器、RLC 滤波器等
	MATLAB 链接	实现与 MATLAB 仿真软件的数据交换、函数互访

7）定义图符参数

用户通过在选中的图符上双击鼠标左键的方法,可以把图符库区中的通用图符添加进自己的仿真系统。这时所选中的图符会出现在设计窗口中。双击设计窗口中的图符后,图符库窗口将出现在屏幕上。附图 A-5 是一个信号源图符库窗口的例子。

附图 A-5　信号源图符库

图符库窗口出现后,用鼠标单击所选中的某个图符,然后再用鼠标单击"参数"（Parameter）按钮进入参数设置窗口。如果双击所选中的图符,将会越过参数设置。附图 A-6 是一个比较典型的参数设置窗口（这是正弦信号源"Sinusoid"）,用户通过该窗口输入所需要的参数。注意,使用"Apply to Tokens"功能可以把一组参数同时赋给用户系统所使用的几个相同功能的图符按 Ctrl 键选择需要输入相同参数的图符再输入参数即可。参数输入也可用代数表达式替代数值,例如输入"(3 * 2 * pi)^2"就等价于输入了数值"3.55058e+2"。

8）分析窗口界面

分析窗口是用户观察 SystemView 数据输出的基本工具,如附图 A-7 所示。窗口中有多种选项可以增强显示的灵活性和用途。这些功能可以通过单击分析窗工具

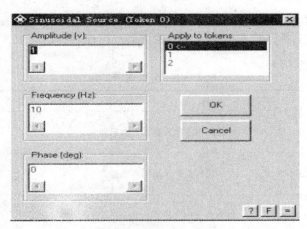

附图 A-6　参数输入窗口

条上的快捷按钮或通过下拉菜单来激活。在系统设计窗口中单击分析窗口按钮,即可访问分析窗口。在分析窗口中单击系统按钮,即可返回系统设计窗口。分析窗口包括标题栏、菜单栏、工具条、滚动条、活动图形窗口和提示栏。同设计窗口一样,滚动条包括用于左右滚动的水平滚动条和用于上下滚动的垂直滚动条;提示信息区显示分析窗口的状态信息、坐标信息和分析的进度指示;活动图形窗口显示输出的各种图形,如波形图、功率谱、眼图等。

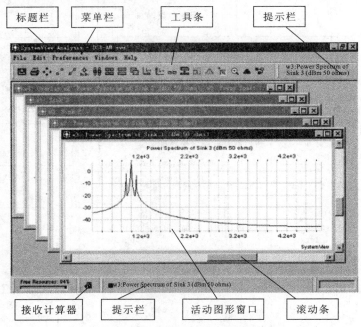

附图 A-7　SystemView 的分析研究窗口

9）分析窗口工具条

分析窗口的工具条是常用的一些功能快捷键按钮，共有 20 个。这些按钮名称及其功能见附表 A-3。

附表 A-3　分析窗口工具

图符	图符名	功能说明
	刷新显示	根据新的接收器数据重画图形
	打印活动窗口	打印出当前的活动窗口图形
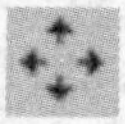	恢复比例尺	将窗口比例尺恢复为 SystemView 的缺省状态
	点　图	只显示当前窗口图形的样本点
	点线图	只显示当前窗口图形的样本点和连线
	坐标差	显示出鼠标位置相对于标记的坐标差
	x 轴标记	测量 x 轴两点间的参数，如时间、频率等
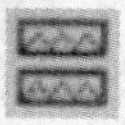	垂直分布	将所有打开窗口垂直排列
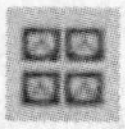	水平分布	将所有打开窗口水平排列
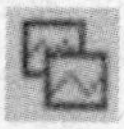	层叠分布	将所有打开窗口层叠排列
	x 轴对数坐标	x 轴的比例尺在对数和线性间切换
	y 轴对数坐标	y 轴的比例尺在对数和线性间切换
	所有窗口最小化	最小化所有图形窗口
	所有窗口最大化	打开所有图形窗口

续表

图符	图符名	功能说明
	动　画	活动窗口的图形按动画方式显示波形
	统　计	统计每个图形窗口的信息,并在一个弹出式窗口中显示
	局部显微	在活动窗口中连续放大显示鼠标器划过的图形或曲线
	放大工具	将活动窗口的内容放大到鼠标器选择的局部
	APG 显示	将 APG 运算的结果装载到分析窗口显示
	系统窗口切换	切换到系统窗口

10) 分析窗口接收计算器

下面通过一个练习来进一步加深对分析窗口中计算器的使用。请按如下步骤进行:

(1) 点击菜单栏的 File,选择 NewSystem 建立一个新文件。

(2) 定义一个幅度为 1 V,频率为 100 Hz 的正弦信号源。从图符库中拖出一个信号源图符 "Source"到设计窗口,双击该图符,在出现的信号源库窗口中选择周期信号"Periodic"中的正弦信号"Sinusoid",按"Parameter"按钮,将参数设置窗口中的频率"Frequency"定义为 100,确认退出,图符变成 。

(3) 按快捷键 切换到通信图符库 Comm,从图符库中拖动一个图符 至设计窗口,双击该图符,选择调制器"Modulators"中的"DSB-AM",并在参数设置窗口中的文字框中输入幅度 1 V,频率 1 000 Hz,调制度 0.5,确认退出,图符变成 。

(4) 设置系统运行时间。单击工具条中的系统定时 "System Time"按钮,把采样频率"Sample Rate"设置为载波频率的 10 倍 10e＋3 Hz,采样点数"No. of Samples"设置为 1 024。

(5) 定义两个接收图符。拖动两个接收器图符 到设计窗口,双击它们,将它们都定义为"Analisys"的信号接收类型。

(6) 连接图符。将信号源图符(正弦输出)分别连接到调制图符和其中一个接收图符,将调制图符输出端连接到另一个接收图符 。

(7) 运行系统。单击工具条中的运行按钮 ▶ 运行系统。

(8) 单击 ▦ "Analysis"快捷按钮进入分析窗口,这时应该可以看到两个图形:一个是 100 Hz 的正弦信号,一个是调制后的信号。可参考分析窗口工具条,根据个人习惯重新调整窗口显示排列。

(9) 对输入的信号进行谱分析。单击 √ā 接收计算器按钮,会出现接收计算器选择窗口,然后选择"Spectrum"分析按钮,并分两次选中 W0 和 W1 就会出现两个新的图形 W2 和 W3,分别对应前面两个波形的频谱图,其中一个出现在 100 Hz 的位置上(对应未调制的正弦波),另一个出现在中心频率为 1 000 Hz 的位置上,显示出载波和上、下两个边带的频谱。

(10) 结束仿真,保存用户系统。通过选择"File"菜单中的"Save"把刚才设计的内容保存下来。

附录 B Simulink模块库及比较常用的模块

1) Simulink 模块库

Simulink 模块库按功能分为以下 16 类子库。

Commonly Used Blocks(常用模块);

Continuous(连续模块);

Discontinuities(非连续模块);

Discrete(离散模块);

Logic and Bit Operations(逻辑和位操作模块);

Lookup Tables(查找表模块);

Math Operations(数学运算模块);

Model Verification(模型验证模块);

Model-wide Utilities(模型使用模块);

Ports & Subsystems(端口和子系统模块);

Signal Attributes(信号属性模块);

Signal Routing(信号路由模块);

Sinks(接收器模块);

Sources(输入源模块);

User-Defined Functions(用户定义函数模块);

Additional Math & Discrete(附加数学和离散模块)。

(1) 连续模块(Continuous)。

① Integrator:输入信号积分。

重置积分方式参数设置说明如下:

a. [External reset]为外部重置设置。它用在当重置信号发生触发事件时,模块将按照初始条件重置状态量。可以采用不同的触发方式对积分器状态进行重置。

a) none:关闭外部重置。

b) rising:当模块接收到的触发信号上升通过零点时,重置过程开始。

c) falling:当模块接收到的触发信号下降通过零点时,重置过程开始。

d) either:无论触发信号上升或下降通过零点,重置过程都开始。

e) level：当触发信号非零时，使得积分器输出保持在初始状态。

b.［Initial condition source］为初始条件设置。设置积分器初始条件的方法有两种。

a) external：从外部输入源设置初始条件。初始条件设置端口以 x0 为标志。

b) internal：在积分器模块参数对话框中设置初始条件，说明模块的初始值是从内部获得的。选择后，下面将出现要求输入初始值的输入栏。internal 为默认设置。

c.［Limit output］为积分器输出范围限制。在某些情况下，积分器的输出可能会超出系统本身所允许的上限或下限值。选择积分器输出范围限制框（Limit output）并设置上限值（Upper saturation limit）与下限值（Lower saturation limit），可以将积分器的输出限制在一个给定的范围之内。此时积分器的输出服从下面的规则。

a) 当积分结果小于或等于下限值并且输入信号为负时，积分器的输出保持在下限值（下饱和区）。

b) 当积分结果在上限值与下限值之间时，积分器的输出为实际积分结果。

c) 当积分结果大于或等于上限值并且输入信号为正时，积分器的输出保持在上限值（上饱和区）。

d.［Show saturation port］为在积分器中显示饱和端口。此端口位于输出端口的下方。

饱和端口的输出有三种情况，用来表示积分器的饱和状态。

a) 输出为 1，表示积分器处于上饱和区。

b) 输出为 0，表示积分器处于正常范围之内。

c) 输出为 -1，表示积分器处于下饱和区。

② Derivative：输入信号微分。

③ State-Space：线性状态空间系统模型。

④ Transfer Fcn：线性传递函数模型。

⑤ Zero-Pole：以零极点表示的传递函数模型。

⑥ Transport Delay：输入信号延时一个固定时间再输出。

⑦ Variable Transport Delay：输入信号延时一个可变时间再输出。

（2）非连续模块（Discontinuities）。

① Saturation：饱和输出，让输出超过某一值时能够饱和。

② Relay：滞环比较器，限制输出值在某一范围内变化。

（3）离散模块（Discrete）。

① Discrete-Time Integrator：离散时间积分器。

② Discrete Filter：IIR 与 FIR 滤波器。

③ Discrete State-Space：离散状态空间系统模型。

④ Discrete Transfer Fcn：离散传递函数模型。

⑤ Discrete Zero-Pole：以零极点表示的离散传递函数模型。

⑥ First-Order Hold：一阶采样和保持器。

⑦ Zero-Order Hold：零阶采样和保持器。

⑧ Unit Delay：一个采样周期的延时。

⑨ Memory：存储上一时刻的状态值。

（4）逻辑和位操作模块（Logic and Bit Operations）。

① Logical Operator：逻辑运算。

② Relational Operator：关系运算。

（5）查找表模块（Lookup Tables）。

① Lookup Table：建立输入信号的查询表（线性峰值匹配）。

② Lookup Table（2-D）：建立两个输入信号的查询表（线性峰值匹配）。

（6）数学运算模块（Math）。

① Sum：加减运算。

② Product：乘运算。

③ Dot Product：点乘运算。

④ Gain：增益模块。乘法类型共有三种：按元素操作、按矩阵左乘及按矩阵右乘。对不同信号必须采用适当的配置。

⑤ Math Function：包括指数函数、对数函数、求平方、开根号等常用数学函数。

⑥ Trigonometric Function：三角函数，包括正弦、余弦、正切等。

⑦ MinMax：最值运算。

⑧ Abs：取绝对值。

⑨ Sign：符号函数，输入为正输出 1，输入为负输出 -1，输入为 0 输出 0。

⑩ Complex to Magnitude-Angle：由复数输入转为幅值和相角输出。

⑪ Magnitude-Angle to Complex：由幅值和相角输入合成复数输出。

⑫ Complex to Real-Imag：由复数输入转为实部和虚部输出。

⑬ Real-Imag to Complex：由实部和虚部输入合成复数输出。

（7）端口和子系统模块（Ports & Subsystems）。

① In1：输入端。

② Out1：输出端。

③ Subsystem：建立新的封装（Mask）功能模块。

（8）信号路由模块（Signal Routing）。

① Mux：将多个单一输入转化为一个复合输出。

② Demux：将一个复合输入转化为多个单一输出。

③ Switch：开关选择，当第二端口的输入大于或等于给定的阈值 Threshold 时，

输出第一端口的输入信号,否则输出第三端口的输入信号。

④ Manual Switch:手动选择开关。

(9) 接收器模块(Sinks)。

① Scope:示波器。参数设置说明如下:

a. [坐标系数目(Number of axes)]在一个 Scope 输出模块中使用多个坐标系窗口同时输出多个信号。在默认设置下,Scope 模块仅显示一个坐标系窗口。

b. [悬浮 Scope 开关(Floating scope)]将 Scope 模块切换为悬浮 Scope 模块。

c. [显示时间范围(Time range)]设置信号显示的时间范围。注意:信号显示的时间范围与系统仿真时间范围并不等同,并且坐标系所示的时间范围并非为绝对时间,而是指相对时间范围,坐标系的左下角的时间偏移(Time offset)给出了时间的起始偏移量(即显示时间范围的起始时刻)。

d. [坐标系标签(Tick labels)]确定 Scope 模块中各坐标系是否带有坐标轴标签。此选项提供了三种选择:全部坐标系都使用坐标轴标签(all)、最下方坐标系使用标签(bottom axis only)及都不使用标签(none)。用户最好使用标签,这有利于对信号的观察和理解。

e. [信号显示点数限制(Limit data points to last)]限制信号显示的数据点的数目。Scope 模块会自动对信号进行截取以显示信号的最后 n 个点(这里 n 为设置的数值)。

f. [保存信号至工作空间变量(Save data to workspace)]将由 Scope 模块显示的信号保存到 Matlab 工作空间变量中,以便于对信号进行更多的定量分析。数据保存类型有三种:带时间变量的结构体(structure with time)、结构体(structure)及数组变量(Array)。这与 To Workspace 模块类似。

此外,在 Scope 模块中的坐标系中单击鼠标右键,选择弹出菜单中坐标系属性设置命令(axes properties),将弹出坐标系属性设置对话框。用户可以对 Scope 模块的坐标系标题与显示信号范围进行合适的设置,以满足仿真输出结果显示的需要。

悬浮 Scope 模块可使系统简练,对信号进行直观显示。

a. [设置需要显示的信号]使用悬浮 Scope 模块的信号选择器选择需要显示的信号,首先打开信号选择器对话框,然后在可显示信号列表中选择需要显示的信号。

b. [设置信号存储缓冲区与全局变量]在缺省情况下,Simulink 重复使用存储信号的缓存区。也就是说,Simulink 信号都是局部变量。使用悬浮 Scope 模块显示指定信号,由于信号与模块之间没有实际的连接,因此局部变量不再适用。用户应当避免 Simulink 对变量的缓存区重复使用,且需要对其进行正确设置。

② Display:观察或动态显示某个信号的数值结果。当信号的显示范围超出了 Display 模块的边界时,会在 Display 模块的右下角出现一个向下的三角,表示还有信号的值没被显示出来,这时用户只需用鼠标拉大 Display 模块的显示面板即可。

③ XY Graph:显示二维图形。

④ To Workspace：将输出写入 Matlab 的工作空间。

⑤ To File：将输出写入 MAT 数据文件。

⑥ Terminator：连接到没有连接到的输出端。

（10）输入源模块（Sources）。

① Constant：常数信号。

② Clock：系统运行时间。

③ From Workspace：来自 Matlab 的工作空间。

④ From File：来自 MAT 数据文件。

⑤ Pulse Generator：脉冲发生器。

⑥ Repeating Sequence：重复信号。

⑦ Signal Generator：信号发生器，可以产生正弦、方波、锯齿波及随机信号，使用时只需选择相应的信号即可。

⑧ Sine Wave：正弦波信号。

⑨ Step：阶跃波信号。

⑩ Ground：连接到没有连接到的输入端。

（11）用户定义函数模块（User-Defined Functions）。

① Fcn：用自定义的函数（表达式）进行运算，一般用来实现简单的函数关系。输入总是表示成 u。u 可以是一个向量，也可以使用 C 语言表达式，例如 $sin(u[1])+cos(u[2])$。输出永远为一个标量。

② MATLAB Fcn：利用 Matlab 的现有函数进行运算。所要调用的函数只能有一个输出（可以是一个向量）。单输入函数只需使用函数名，多输入函数输入需要引用相应的元素，如 mean,sqrt,myfunc(u(1),u(2))。在每个仿真步长内都需要调用 Matlab 解释器。

③ S-Function：调用自编的 S-函数的程序进行运算。

2）通信模块库（Communications Blockset）

（1）信源（Comm Sources）：在这个库中，可以形成随机或伪随机信号。

① Bernoulli Binary Generator 模块：产生伯努利分布的二进制随机数。

② Binary Error Pattern Generator 模块：产生可以控制"1"的个数的二进制随机向量。

③ Random Integer Generator 模块：产生范围在（0～M-1）内的随机整数。

④ Poission Integer Generator 模块：产生泊松分布的随机整数。

⑤ PN Sequence Generator 模块：产生伪随机序列。

⑥ Gaussian Noise Generator 模块：产生离散高斯白噪声。

⑦ Rayleigh Noise Generator 模块：产生瑞利分布的噪声。

⑧ Uniform Noise Generator 模块：产生在一个特定区域内的均匀噪声。

（2）信宿(Comm Sinks)：此库中提供了信宿和显示的模块，以使对通信系统的分析更加简便。

① Discrete-Time Eye Diagram Scope 模块：显示信号的眼图。

② Discrete-Time Scatter Plot Scope 模块：显示信号的星座图。

③ Error Rate Calculation 模块：计算输出信号的误比特率和误符号率。

（3）信源编码(Source Coding)：信源编码分为两个基本步骤，即信源编码和信源译码。信源编码用量化的方法将一个源信号转化成一个数字信号。所得信号的符号都是在某个有限范围内的非负整数。信源译码就是从信源编码的信号恢复出原来的信息。

（4）信道(Channel)：提供各种通信信道模型，比如高斯白噪声信道等。

（5）错误侦测与校验(Error Detection and Correction)：提供用于分析输入/输出的模块。

（6）调制解调(Modulation)：分为数字调制解调和模拟调制解调，再细分又可分为幅度调制、相位调制及频率调制。

3）信号处理模块库(Signal Processing Blockset)

面向数字信号处理系统的设计与分析，主要提供 DSP 输入模块、DSP 输出模块、信号预测与估计模块、滤波器模块、DSP 数学函数库、量化器模块、信号管理模块、信号操作模块、统计模块及信号变换模块等。

（1）滤波器(Filtering)。

Analog Filter Design 模块用于模拟滤波器的设计，需在模块对话框中选择要设计的滤波器类型、方法、阶数、频率等信息。

Digital Filter Design 模块用于数字滤波器的设计，双击该模块可以看到图形化的设计界面，需选择要设计的滤波器类型、方法、阶数、频率等信息。通过它，用户可以方便地进行各种常用数字滤波器的设计和分析。

（2）信号管理(Signal Management)。

① Buffer 缓冲模块有两种用途：接受采样输入并产生一定帧大小的帧输入；接受帧输入，修改帧的大小，这种情况下必须使用缓冲模块。

② Unbuffer 解缓冲模块由一个帧信号产生采样信号。

③ Counter 模块可设置为计数器模式或分频器模式。使用计数器模式时，从其 cnt 端输出计数值，当计数值达到设定最大值时自动回零。使用分频器模式时，采用 hit 端作为输出，当计数值等于某个设定值时输出为高电平，否则输出为零。这样，通过设定 hit 值和计数器最大计数值就可以达到要求的分频和相移功能。

（3）信号操作(Signal Operations)。

Sample and Hold：当收到一个触发信号后，对输入信号采样并保持直到收到下一个触发信号。

① Upsample：通过在新的数据点上补零来提高采样速率。

② Downsample：通过间隔去除部分采样点来降低采样速率。

（4）信宿（Signal Processing Sinks）。

① Spectrum Scope：用来直接显示时域信号的频谱，内置 FFT 变换。

② Vector Scope：可以显示时域或频域信号，观察频域信号时，Input domain 设置为 Frequency。

参考文献

［1］ 樊昌信,曹丽娜. 通信原理. 第 6 版. 北京:国防工业出版社,2007.

［2］ 李宗豪. 基本通信原理. 北京:北京邮电大学出版社,2006.

［3］ 郭文彬,桑林. 通信原理——基于 Matlab 的计算机仿真. 北京:北京邮电大学出版社,2006.

［4］ 邵玉斌. Matlab/Simulink 通信系统建模与仿真实例分析. 北京:清华大学出版社,2009.

［5］ 韦岗,季飞,傅娟. 通信系统建模与仿真. 北京:电子工业出版社,2007.

［6］ John G Proakis,Masoud Salehi,Gerhard Bauch 著. 现代通信系统(MATLAB 版). 第 2 版. 刘树棠译. 北京:电子工业出版社,2008.

［7］ 潘长勇,王劲涛,杨知行. 现代通信原理实验. 北京:清华大学出版社,2005.